成长从来没有太晚的开始

米歌 著

Mige

中国华侨出版社

序

　　年轻是一种资本，世界上美丽的东西千千万万，却没有一样比年轻更为美丽；世界上珍贵的东西数也数不清，却没有一样比青春更为宝贵。年轻的我们要发愤图强，努力耕耘，这样才能无愧于青春，无愧于人生，才能拥有一个充实而完美的青春。

　　经历是一种过程，虽然结果很重要，但是做事情的过程更加重要，因为结果好了我们会更加快乐，但过程使我们的生命充实。人的生命最后的结果是死亡，我们不能因此说我们的生命没有意义。世界上很少有永恒。体验也是丰富你生命的一个过程。

　　成长是一种必然，它让我们摆脱稚嫩，走向成熟，让我们自身不断变得更好，更强，更成熟。因为成长，今天的玫瑰是含苞的，明天就会娇艳绽放；因为成长，冬天的树是光秃秃的，春天就会长出新芽……

　　成长是一件幸福美好的事，但也不乏苦涩、迷茫、不知所措，甚至疼痛。因为恐惧，我们害怕承担，拒绝成长，却无法左右时间，不管是否愿意，我们总是要追着时间的脚步往前赶。终有一天，你发现自己成熟了，学会了思想，拥有了感情，蓦地发现自己在无形中变勇敢了，变坚强了。这就是成长的痕迹，看不见、摸不着，却时刻影响着你，带给你坚持下去的理由。成长，永远不会晚。

　　本书以温暖的慰藉和极富共鸣的故事，展示了成长过程中的酸甜苦辣，教你从容直面其中的迷茫、苦痛，用智慧与力量不断前进，活出精彩、丰盈的人生。

　　本书献给所有为梦想打拼的年轻人，它会带给你可贵的向上正能量，这种力量会温暖一路辛苦打拼着的你。

成长
从来没有太晚的开始

目录
CONTENTS

PART3 ······ 心中若有美，处处莲花开

PART4 ······ 生活不是等着暴风雨过去，而是学会在风雨中跳舞

Part 1

因为懂得，所以宽容

有一天你会明白，善良比聪明更难得。聪明是一种天赋，而善良是一种选择，是对生命的敬畏态度，需要我们用一生去学，去做。与人为善，是人之社会根本，是一种大智慧，是无疆大爱。

人无信不立

　　曾经有人在企业经理人员中做过一个调查，调查问卷的题目有两个：一是"你最愿意结交什么样的人"；二是"你最不愿意结交什么样的人"。调查结果是：在"最愿意结交"的人中，"正直、诚信的人"排在了第一位；在"最不愿结交"的人中，"不正直、不守信的人"排在了第一位。

　　可见，一个人的成长包括方方面面的内容，但很重要的一点就是，做一个言而有信的人，即守承诺、讲信用。这是因为，诚实守信是做人的道德底线，是一个人的立身之本。有一句话叫"诚信走遍天下"，就是说，有了诚信，你走到哪里都会受欢迎，有人帮助，你的成就也会越来越大。

　　一个商人渡河时，很不幸船翻了，他掉进了河水中，大声呼喊救命，并许诺谁救了自己，就给对方50两银子。一个渔夫闻声过来，可当他把商人救上岸后，商人却翻脸不认账了，只给了他5两银子。渔夫责怪商人说话不算数，商人却不以为然，还埋怨渔夫不知足，说完便走了。

　　结果又有一天，商人很不巧又翻船了，他在水里哀号求救，许诺谁救了自己，就给对方100两银子。上次救他的渔夫冷漠地将船摇了过去，停在一边。有人欲救，渔夫摇摇头说："这就是那个答应给50两银子却给了我五两银子的人。一个人如果言而无信，救了也是白救。"就这样，商人被淹死了。

看完这个故事，你是不是会笑话或者鄙视这个商人，因为他说话不算数，太不诚信了。无论什么原因，一个人如果总是说话不算数，失去了诚信，那么他就失去了人们最基本的信任，最后害的其实是自己。当你在笑话和鄙视这个人的时候，有没有想过自己与人交往过程中是否讲诚信？

诚信是真，诚信是美，诚信是德，诚信促进了一个人的成长，提升了人格的高度，也提升了人生的高度。从古到今，我国有好多讲诚信的成语典故，如"言而有信""一诺千金"等，都是在告诫我们：要言出必行，遵守自己对别人的诺言。我们只有对别人诚信，别人才会以诚相待，从而帮助我们实现人生的价值。

摩根家族是美国巨富家族之一，这个家族的崛起称得上是诚信的绝佳榜样。

摩根·约瑟夫是一个穷困潦倒的年轻人，他一直想做番大事业，经过一段时间的观察，他成为一家名叫"伊特纳火灾保险公司"的股东，因为这家公司不用马上拿出现金，只需在股东名册上签上名字就可成为股东。然而，就在约瑟夫成为股东后不久，一家在伊特纳投保的客户遭受了自然火灾。按照保险条例的规定，伊特纳需要向该客户赔偿一定的损失，但这样伊特纳就几近破产了。

股东们一个个惊慌失措，纷纷要求退股，来回避赔偿费。约瑟夫斟酌再三，认为诚信比金钱更重要，这个时候退股是对客户的不负责任。于是，他卖掉了自己的住房，并四处筹款，低价收购了所有要求退股的股东们的股票，将赔偿金如数付给了那位已投保的客户，然后独自继续经营"伊特纳"。虽然成了"伊特纳"的所有者，但这时约瑟夫已经身无分文，公司也濒临破产了。无奈之中，约瑟夫打出了一条广告，凡是再到"伊特纳"投保的客户，保险金一律加倍收取。

很多人，包括约瑟夫自己，以为开发客户是一个非常艰难的过程。不料，客户们一个接一个地来了。原来通过偿付赔款这一事件，很多人看到，约瑟夫是一个讲信誉的人，这一点使"伊特纳"比许多有名的大保险公司更受欢迎。就这样，"伊特纳"崛起了。

"伊特纳"公司之所以能够崛起，是因为摩根·约瑟夫言出必行，说到做到，这是比金钱更有价值的诚信。这种诚信，使他赢得了众人的信任。还有什么比别人信任你更宝贵的呢？有多少人信任你，你就拥有多大的影响力和吸引力，也就拥有多少次成功的机会。

当然，诚信并不在于惊天动地的业绩，也不依赖于与生俱来的天赋，而在于对言行的坚守。谨慎于自己的言语，明白每句话语之后都有一份责任的守候；严格要求自己的行为，对自己的言语负责。当你如此呈现自己的时候，你就是诚信的，相信大家也会对你有更多喜爱与支持。

收获
付出即是

当别人给予了我们感动的时候，很多人只知道去享受这个过程，其实我们更需要给别人一种感动。享受感动的人要懂得去珍惜感动，珍惜感动就需要努力留住感动。在我们的生活中，我们能够发现身边感动我们的事情，同时我们还要能够去营造感动，这是对珍惜感动的升华。松下幸之助曾经说过："为他人设想就是能够感动他人的做法。"的确如此，如果我们能够时刻为别人着想，那么别人就能够感受到我们的关心，自然就能够被我们所感动。

1973 年，中东战争引发了全球性的石油危机。当时香港的经济也受到了很大的冲击，尤其是对塑胶行业来说，这种冲击是致命的。

香港的塑胶行业所需原料全部依靠进口，石油危机带来原料进口价格暴涨，当时给塑胶制造业带来了一定的恐慌。好多厂家因为原材料的不充足而纷纷选择关门大吉，很多企业也在这个时候倒闭了。

香港的一些进口商甚至利用石油危机带来的心理影响而垄断价格，使得原材料价格节节攀升，最终到了厂家无法接受的高位。

此时正是香港塑胶行业生死危急的关头。当时李嘉诚是塑胶行业商会的主席，他此时挺身而出，在他的倡议下，数百家塑胶厂联合起来成立了联合塑胶原料公司。而联合公司主要是直接从国外进口原料，这样价格就会相对便宜一些，购进原料之后，再由联合公司出面，然后按照一定的比例分给各个股东和厂家。

联合公司的出现，使得原料进口商的价格垄断不攻自破，他们不得已也只能选择降价的方式。就这样，笼罩着香港的原料阴影，终于在李嘉诚和众人的努力下烟消云散了。

在这个拯救行业的行动中，李嘉诚还有着其他的惊人举动。他当时将长江公司的库存原材料拿出了1243万磅，然后以低于市场价一半的价格卖给了一些渴望原料的会员厂家。而在直接从国外购回原料之后，他又将属于长江公司的20万磅原料，以购入的价格分销给了需求量较大的厂家。

在当时，受到李嘉诚帮助的厂家多达几百家，李嘉诚的行为可谓是雪中送炭，所以当时很多人都认为他是香港塑胶行业的救世主。

而当时，李嘉诚所在的长江实业已经将业务的重心转移到了房地产方面，而且他们本身有足够的原料储备，所以当时的形势对他们来说基本上没有任何的影响。但是李嘉诚当时还是选择了挺身而出，他的这种举动，使他的声誉和威望空前高涨，事业越做越大。李嘉诚正是因为为大家着想，给大家带来了感动，所以才能够赢得今天的地位。

赠人玫瑰，手有余香。这句话和李嘉诚的行为相得益彰，其实在我们的生活中有很多这样的事情发生。某个小区里住着一位盲人，他每天晚上都要到楼下的小花园里去散步。但奇怪的是，每一次他上楼或者下楼的时候都要按亮楼道里的灯。有一天，一个邻居实在忍不住了，于是问他说："你的眼睛本来就看不见，你开灯有什么意义呢？"盲人则回答说："我之所以开灯是希望能够给别人带来方便，而这个过程也能够给我带来方便。"邻居还是感到非常奇怪，于是问他说："这又能给你带来什么方便呢？"这个盲人笑着说："打开灯之后，大家就能够看到路，而不至于撞到我了啊。难道这不就是在给我方便吗？"此时邻居才恍然大悟。

接受和给予几乎会同时出现，我们不能只是一味接受，而不懂得给予。

如果能够给别人带来感动，这本身就是一件快乐的事情，而且当我们带给别人快乐的同时，我们的心灵也能够得到提升，或许这就是意想不到的收获。能够享受别人给予的感动是非常幸福的一件事情，所以我们也要懂得给予别人感动，而我们所营造感动的这个行为就是品格的升华。你能够带给别人感动，那么你自己也就能够获得快乐。

当我们在享受别人带来的感动时，也要想着给别人营造一种感动。赠人玫瑰，手有余香。享受别人的感动要懂得珍惜，更要懂得升华这种感动。

有一种善良叫『为别人喝彩』

著名的西班牙学者巴尔塔沙·葛拉西安说过这样一句话："一个人总能在某一处胜过别人，而在这一处上又总会有更强的人胜过他。智者尊重每个人，因为他知道每个人都各有其长，也明白成事不易。更懂得，真诚为别人喝彩，人生才更精彩。所以，学会真心诚意地欣赏别人，为别人喝彩是一种人格上的修养，是让自己逐步走向成熟和智慧的象征，也是智慧和修养的体现。"

由此可见，能够为别人喝彩的人需要有宽广的胸怀，因为它不是"作秀"，不是一种手段、一种形式，更不是溜须拍马，而是一种发自内心的自觉行为，是一种善良人性的自然流露，是发自内心的真诚表现，它传递着生活中的融洽与美好，也展示着人世间的真诚与和谐。如果你始终抱着一颗率真而豁达的心，去欣赏周围小小的事物、普普通通的人，那么，你就可以随时发现快乐，也终将收获到幸福。

一个外号叫歪歪的女孩，现在已经是某企业的行政主管了，也是个业余作家。她曾经写过一篇散文，文中她说："为别人喝彩是人生当中一件很重要的事情，因为你的一个肯定和赞赏的眼神，为他而发出的喝彩声，很可能会改变一个人一生的命运。"之所以有这样的感悟，源自她上初中时的一次经历。

歪歪在念初中时有过一个同桌，牙齿长歪了，说话爱像男生那么骂骂咧咧，打蚊子像拍手鼓掌一样噼啪作响。歪歪不喜欢她的粗鲁，她们两个有过肩碰肩坐着却一连半个月没说话的纪录。

在一次作文评比中，歪歪的一篇精心之作没被评上奖，名落孙山，歪歪为此心灰意冷，带着一种挫折感把那篇作文撕成碎片。这时，假小子一般的同桌忽然发出愤怒的声音，她说那篇作文写得很棒，谁撕它谁是有眼无珠。

同桌是在说反话表示对歪歪的欣赏和赞美，她成了歪歪写作生涯中的第一位喝彩者，那一声叫好等于拉了歪歪一把，歪歪记得当时她流出了泪水。

那位同桌后来仍然不改好战的脾气，她们俩也时常有口角，相互挑战，耿耿于怀。然而歪歪至今难忘这个人，因为她的第一声喝彩就像一瓢生命之水，使歪歪心中差点枯萎的理想种子重新发芽、开花、结果。每当歪歪回首往事时，都会遗憾当时为何不待她更温和一些，因为歪歪现在才发现，她是自己生活中的一道明媚的阳光。

于是歪歪在以后的生活当中，也经常去为别人喝彩，因为她懂得了，一句肯定的话，会让人心振奋，阴翳散去。身边的很多人因为歪歪的喝彩，而感觉到人生重新有了意义。至于歪歪自己，在做这些的时候，在为别人喝彩的时候，她的内心也充满了快乐。

这样的人在现实生活中并不多见，因为很多人都知道，为自己喝彩容易，为别人喝彩很难。更有甚者，自己有了成绩、荣誉，就欢呼雀跃、神采飞扬；别人有了进步，却往往视而不见、充耳不闻，甚至挖苦、忌妒、冷嘲热讽，很少真正从心底里为别人喝彩。

激烈的社会竞争，让人们十分重视自我价值的实现。为此，一事当前就要先看自身利益，当自己的利益得不到满足时，心理上就容易产生不平衡，以致忽视集体协作精神。这样的人，让他为别人的成功喝彩自然就难以做到了。

其实，生命的舞台很大，每个人既是表演者，也是台下的观众，谁都希望在曲终谢幕的时候得到别人的赞美和喝彩，因为我们都在寻找和期待着他人和社会的认同，实现自我的价值。不要以为别人的进步就意味着自己落后。

别人获得荣誉就意味着自己暗淡无光，这是一种非此即彼的思维，是狭隘的，不科学的。因为为他人喝彩，是一种心灵的解脱和慰藉，只有真心地付出，你才会体味那种因为别人而欣慰的感动。

学会为别人喝彩，就要有甘当"绿叶"的精神。"红花"受人瞩目，而"绿叶"往往被人忽略。要想做到为别人喝彩，首先要当好"绿叶"。这就需要树立正确的人生观、价值观，做到淡泊名利，不计较得失。生活就好像一条五彩斑斓的河，这条河因为有了形形色色的人而充满生命的活力，充满生活的欢歌。让我们用善良的笑容，真诚的态度，为别人喝彩，融入这条美丽的生命之河中去吧！

因为懂得，所以宽容

卡里·纪伯伦是黎巴嫩著名诗人、作家、画家，被称为"艺术天才"，他曾经说过："一个伟大的人有两颗心：一颗心流血，一颗心宽容。"

很多人因为受到了别人的欺骗和侮辱，就毫不犹豫地选择报复，但是最终的结果是败坏了我们的情绪。要知道通过这种方法我们的情绪根本不会释放出来，如果换一种角度，尝试着去原谅别人，我们的心情或许会好很多！其实很多有过如此经验的人都知道，懂得原谅别人能够让自己获得更多的快乐，情绪才能够通过这个过程真正得到释放。

曼德拉曾经获得过诺贝尔世界和平奖，他为了推翻南非白人种族主义统治，做出了艰苦卓绝的斗争，而正是因为他的这些行为，导致他坐了长达27年的牢。而这位阶下囚最终还是走了出来，成为了南非第一任黑人总统，同时也为南非开创了一个民主、统一的局面。

1962年8月，曼德拉因为领导南非人民反对白人的种族歧视而入狱，当时的白人统治者将他关在大西洋小岛罗本岛上。罗本岛位于离开普敦西北方向七英里的桌湾，岛上布满岩石，到处都是海豹、蛇及其他动物，生活环境非常糟糕。就在这个荒凉的小岛上，曼德拉度过了27年。虽然当时的曼德拉年龄已经很大了，但是白人统治者还是像对待一些年轻的犯人一样去对待他。

在罗本岛的那 27 年时间里，曼德拉白天需要将从采石场采来的石头打碎成石料，或者从冰冷的海水中打捞海带，有时候还要做一些采石灰的工作。当时他经常要早晨到采石场，然后被打开手铐和脚镣，到一个非常大的石灰石矿场里，用尖镐和铁锹挖掘石灰石。曼德拉属于重要的犯人，所以专门看守他的人就有三个，显然他们并不是很友好，他们总是寻找各种理由来虐待曼德拉。

1990 年 2 月 11 日，南非当局因为受到国内外的舆论压力而最终选择无条件释放曼德拉，而就在 1994 年 5 月 9 日曼德拉成为了南非第一位黑人总统。曼德拉在总统就职仪式上起身欢迎了所有的来宾，并且介绍了来自世界各国的政要，然后他对能够接待这些尊贵的客人而感到非常荣幸，但是他讲道，他认为最开心的事情还是当年在罗本岛看守他的三位看守的到来，他邀请他们起身，然后将他们介绍给大家。而曼德拉这种宽大的胸襟让那些虐待过他的人无地自容。

接着曼德拉向所有人解释道：他在年轻的时候性格比较急躁，正是在监狱中的那段时间学会了克制和忍让，懂得了控制自己的情绪，学会了如何合理面对痛苦，也让他学会了感恩和宽容。他一直强调，感恩和宽容都是需要经过痛苦和磨难才能够得到的。曼德拉还讲道，当他走出监狱的大门时，他就明白如果他无法将悲痛和怨恨甩开的话，那么他其实还是被困于监狱中。

很多时候我们要懂得原谅别人，在这一点上我们可以学习曼德拉的精神，要懂得用宽容的心态去对待别人，给别人一个反省和改正的机会，而这个过程也能够换来自己的心灵安慰。如果我们每天都生活在对别人的仇恨中，这样不仅让自己的生活非常痛苦，而且自己的心灵也无法得到解脱。

人与人之间产生矛盾和摩擦非常正常，此时我们就需要以一颗宽容的心态去原谅别人的过失，这样我们就可以化敌为友，从而最终消除一切的怨恨。如果我们能够真正地宽容和原谅别人，那么我们的人生就会变得更加美好。

其实，有时候原谅了别人，就是多给了自己一条路。如果我们只是纠结于别人的过错，这样会让自己每天都过得忧心忡忡，甚至是狂躁不安，以致身心疲惫。而一旦逞一时之气从而犯下了过错，那么就会毁掉自己的一生，这样就得不偿失了。

世界上总是有一些没有涵养的人，他们只知道看别人的错误，只知道追究别人的过失，尤其当别人的错误对自己有一定影响的时候，他们的行为就会失控，甚至做出更愚蠢的行为。如果我们能够以宽大的胸怀去面对这些事情，去原谅别人的错误，那么我们就会得到别人的赞扬和尊敬，我们也会在这个过程中获得一个忠实的朋友。

将心比心，
终会理解

　　遇到事情的时候，不要总是去问别人该怎么办，不要总是等着别人来理解你，而是应该主动寻找解决问题的办法，做一个主动派。如果你希望得到别人的理解和尊重，那么也要尝试着去接受别人的观点和意见，这样就可以让自己得到成长，时间长了，身边的朋友也就越来越多了。

　　朋友之间需要相互理解。每个人都有属于自己的朋友圈子，但是真正意义上患难与共的朋友却不多。什么是真正的朋友呢？真正的朋友敢于在你得意的时候给你"泼冷水"，他会认真帮助你分析现实情况，虽然他的语言会很尖刻，但是这些都是为了你好。而和朋友出现意见分歧也是很正常的情况，要懂得站在对方的角度去考虑问题。

　　威尔逊说过，理解绝对是养育一切友情之果的土壤。

　　如果想要成就一份长久的友谊，那么就要懂得多理解别人，多和朋友沟通。要用理解的态度去对待你们之间的友谊，而不是自以为是地用自己的方法去解决。友谊需要理解来维持，只有有了理解，才能够维持相互之间的关系。

　　某市的某某小区是一个花园型的小区，这里的环境非常优美，绿化工作也做得很不错。在 1 号楼和 2 号楼之间有一块很大的草地，草地的范围非常大，但是有的住户为了自己的方便经常从草地上走过。物业公司对这个问题感觉非常头疼，于是他们在草地上竖立了一块牌子提醒大家不要践踏草地，还用围栏圈起了草地，但是他们的这种做法并没有收到很好的效果。物业公司实在没有办法了，他们找到了这两栋楼的住户一起商量办法。住户们说他们之所以这样做，是因为每次出门要走很长的路，感觉非常不方便，所以只能践踏草地了。了解到这个情况之后，物业公司在草地的中间用小石头铺了一条路，从此之后住户们出门都开始走这条路，再也没有出现践踏草地的现象了。

其实，生活中出现磕磕碰碰的事情非常正常，我们应该多去为别人着想，从对方的角度去考虑问题，而不是只看到自己的利益和想法。多听听别人的意见，多和别人沟通沟通，尝试着敞开自己的心扉，自己在寻求别人理解的同时，也要懂得理解别人。

我们要看重理解的力量，因为理解是生活中非常重要的一门学问。我们要懂得主动理解别人，这样就可以给双方建立起一座合作的桥梁，从而走进对方的心扉。

我们要做一个主动派，但是不能以自我为中心，如果我们的"自我中心"观念太强了，那么身边的朋友就会慢慢离开我们。这样的人虽然看起来很强大，但是他们的内心非常孤独，他们甚至连一个倾诉的对象都无法找到。

对于别人不同的意见要懂得接受和包容。很多人在听到别人的反驳意见的时候，总是抱着排斥的心态，甚至完全不想听下去。因为他们一直认为自己的观点和思想是正确的，凡是和他们的想法不一样的都是错误的。其实这个时候更应该学会包容，有时候同意了别人的意见并不是对自己想法的否定。我们可以在别人不同的意见中汲取很多经验，获得很多知识，从而对自己的思维进行拓展，之后也就学会了从不同角度去处理问题。

人们都不愿意别人苛求自己，既然这样，自己也不要苛求别人。一个人需要学会包容，要有一种"海纳百川"的胸怀，借助自己的豁达和大度为自己展开一页新的篇章。

　　我们需要时刻站在别人的角度去考虑问题，不要总是将自己的主观意向强加给别人，要以爱的名义去理解，多去听听别人的想法。你的小小理解，是温暖别人内心的力量，那么你就会获得更多的朋友。而且，多和别人进行探讨，多和别人交换想法，或许在这样的过程中会经常获得新观点。

　　如果我们能够做到"将心比心，以心换心"，并且将这种想法应用到自己的思维中，在人际交往中多一些包容和理解，那么就能够得到别人的尊重和理解了。所以，当你陷入情绪的纠结中时，并不是事情本身很难处理，而是你总是斤斤计较，也就是说你在处理事情的过程中有点不够宽容和大度。

有时，耳朵比嘴巴更重要

造物主仅仅赋予了我们每个人一张嘴，却给予了我们两只耳朵，这是在委婉地告诉我们：要重视倾听。然而实际生活中，很多人只知道表达自己，而不懂得倾听。常常会碰到这样的朋友聚会，一位朋友因春风得意，有些居高临下，满座听他一人高谈阔论，容不得别人插话，结果夺了风光，失了人心。

事实上，我们每个人都有表现自己、表达自己的欲望，都希望获得别人的尊重，受到别人的重视。而倾听所传达的正是一种肯定、信任、关心乃至鼓励的慈悲，即便你没有给对方提供什么指点或帮助，也会给对方留下思想深邃、谦虚柔和的印象，对方也会感激你，喜欢你，支持你。

凯萨是他所在朋友圈中最受欢迎的男人，无论他走到哪里，都很受人喜欢，经常有朋友请他参加聚会，共进午餐。当他在生活和事业上遇到困难时，也总有许多人愿意给予他帮助，这令朋友蒙特罗很不能理解。

这天，蒙特罗和凯萨一起参加一次小型社交活动。席间，他发现凯萨正和一位漂亮的女士坐在一个角落里交谈。蒙特罗还发现，那位女士一直在说，而凯萨好像一句话也没说，只是有时笑一笑，点一点头，仅此而已。他们聊得非常愉快，那位女士还几次主动邀请凯萨一起跳舞。

活动结束后，蒙特罗问凯萨："那位女士真迷人，你们以前认识吗?"

凯萨摇摇头说："今天是我第一次见她，是别人介绍我们认识的。"

"是吗？"蒙特罗明显有些惊讶，"她好像完全被你吸引住了，你是怎么做到的？"

凯萨笑了笑，语气中掩饰不住喜悦："很简单，我只对她说：'你的身材真棒，你是怎么做的？平时是注意保养，还是喜欢健身？'她说她每周都去健身房。'你能把一切都告诉我吗？'我问。于是，接下去的一个小时她一直在谈健身的事情。最后，她要了我的电话，她说和我聊天很愉快，还说很想再见到我，因为我是最有意思的谈伴。但说实话，我整个晚上没说几句话。"

看，这就是凯萨深受欢迎的秘诀。我们大家可能都有过这样的经历，当自己在说话的时候，是多么希望别人能够真正地认真倾听自己。当有人全神贯注地倾听我们所要表达的，用他们的思想和感情去思考时，我们就会感到自己在被关注，在被重视，对对方产生好感，愿意与之交往下去。

是的，倾听是一种尊重别人的礼貌，是对讲话者的一种高度赞美；倾听能使别人喜欢你，信赖你。就像一位作家所说："倾听意味着对别人的话持精神饱满和感兴趣的态度。你应像一座礼堂那样倾听，在那里，每一个声音都更饱满、更丰富地返回。"

伊萨克·马克森是世界上第一流的名人访问者，他说："许多人不能给人留下很好的印象，是因为不注意听别人讲话。他们太关心自己要讲的下一句话，以至于不愿意打开耳朵……一些大人物告诉我，他们喜欢善听者胜于善说者，但是善听的能力似乎比较少见。"

古诗曰"风流不在谈锋胜，袖手无言味最长"，倾听是一种理解和接纳他人的高尚人品，是一种谦和大度的做人修养，也是说服别人、赢得人心的最好方法。而且，最主要的是，这有利于你了解别人的想法和看法，进而有益于个人的成长。在这里，美国总统林肯的例子最具代表性了。

美国第16任总统亚伯拉罕·林肯出生于肯塔基州贫苦的农民家庭，他先后当过伐木工、船工、店员、邮递员，这些经历使林肯对普通人民群众有了一种深厚的感情。出任美国总统后，为了不和民众之间拉开距离，林肯始终善于倾听民众的心声。

为此，林肯在白宫外面度过的时间要比在白宫多。他常常不顾总统礼节，在内阁部长正在主持会议时走进去，悄悄地坐下来倾听会议过程；他不愿坐在白宫办公室等待阁员来见他，而是亲自前往阁员办公室，与他们共商大计。而他在白宫的办公室，门总是开着的，政府官员、商人、普通市民们想进来谈谈都可以，不管多忙他也要接见来访者。

众多的来访者使保卫工作非常难做，忠心执行职责的保卫人员常常会抱怨，林肯解释道："让民众知道我不怕到他们当中去，他们也不用怕来我这里，这一点是很重要的。"他曾写信给印第安纳州的一个公民："在言谈中，用耳朵比嘴巴强。我一般不拒绝来见我的人。如果你来的话，我也许会见你的。告诉你，我把这种接见叫'民意浴'，因为我很少有时间去读报纸，所以用这种方法搜集民意。"

谈起自己的"民意浴"，林肯曾感慨地说："虽然民众意见并不是时时处处都令人愉快，但这种倾听让我获得了来自各界的声音，不仅缩短了我与人民的距离，加深了彼此的感情，而且激发了人民参与国事的主动性和积极性。总的来说，其效果还是具有新意、令人鼓舞的。"

静坐聆听别人，既能左右逢源，又能促己成长，何乐而不为呢？

所以，无论你才能多高，请学会倾听别人；无论你能力多强，请懂得倾听别人。

请对他们说『谢谢』

在生活中，我们需要有一颗感恩的心。我们要感谢父母给了我们生命，并且养育我们，关爱我们；我们要感谢祖国给我们带来了和平，让我们能够安居乐业；我们要感谢那些曾经帮助过我们的人，没有他们的帮助或许我们就没有办法生活下去……甚至我们也要感谢那些曾经伤害过我们的人，正是因为他们的伤害，我们才变得更为坚强。

拥有感恩的心，就是能够快乐的根本。如果我们能够对生命中的所有人都时刻抱着一种感恩的心态，那么我们就能够体会到十足的快乐，而我们的人生价值也会在这个感恩的过程中得以实现。

感恩的心能够给我们带来快乐，能够让我们做到知足常乐。感恩并不是一种炫耀的心态，更不是停滞不前，而是将我们在生活中遇到的人和事看成是我们的荣幸，认为这就是一种鼓励，我们要懂得回报他们。感恩的心能够时常警醒我们投身于仁爱的行为中去。一个知道感恩的人是充满着爱心的人。

拥有一颗感恩的心能够让我们正确面对前路。人生在世不可能一直一帆风顺，面对失败和挫折的时候，我们不应该失去信心，而是应该想办法积极解决问题，我们甚至可以感谢这些挫折，因为这些挫折能够让我们更加强大。我们在挫折面前不能只是抱怨，更不能变得消沉和萎靡不振，我们应该感恩生活，要做到跌倒了再爬起来。英国作家萨克雷说："生活就是一面镜子，你笑，它也笑；你哭，它也哭。"当我们感恩生活的时候，生活就会赐予我们阳光；而如果我们只知道怨天尤人，那么我们终究会一无所获，输得很惨。在我们成功的时候，固然有很多感恩的理由；失败的时候，我们却无法给自己找到感恩的理由。其实失败的时候我们更应该感恩，我们要在失败的时候找到能够再一次站起来的理由，此时感恩就非常重要。

康德说："在晴朗之夜，仰望天空，就会获得一种快乐，这种快乐只有高尚的心灵才能体会出来。"我们的生活需要感恩，如果一个人不懂得感恩，那么他的生活就会变得暗淡，他的整个人生也就失去了滋味。

16 世纪中叶，英国开始清除清教徒，很多清教徒被逼无奈只能选择到荷兰去躲避。但是逃亡到荷兰之后，清教徒们不但没有得到庇护，反而遭受到了战争的痛苦和折磨，他们为了能够生存下去，决定选择再一次的大迁徙。

这一次，清教徒们看中了美洲这块新大陆。当时的美洲在很多欧洲人眼里是一片幅员辽阔的地方，那里物产丰富，而且那里的人民都过着幸福的日子，他们那里没有国王、议会，更没有刽子手。清教徒们也认为只有在这里才能够让他们自由自在地生活，他们还认为这里能够让他们传播自己喜欢的宗教，能够快快乐乐地过每一天。

于是，清教徒的领袖召集了 102 名同伴，共同登上了一艘重 180 吨、长约 19.5 米的木质帆船——五月花号，然后开始了他们的美洲旅程。当时因为形势过于紧迫，所以他们是在一年之中最为糟糕的季节渡洋的。

这一路上，他们经历了太多的狂风暴雨。也许他们受到了上帝的佑护，他们的船只没有受到任何的损害。他们总共航行了长达 66 天，最终到达了北美大陆的科德角，也就是今天的美国马萨诸塞州普罗文斯敦港。他们休整了几天之后，开始继续沿着海岸线航行。

大概又过了几天时间，五月花号离开了科德角湾，他们在普利茅斯港抛下了锚链。船上的移民们划着小船登陆了，按照当时的航海规矩，他们首先登上了一块很高的大礁石。紧接着五月花号上响起了礼炮声，他们开始庆祝他们全新的生活。而之后这块礁石被称为"普利茅斯石"，成为了到美洲的这批英格兰人第一次永久移民的历史见证。

但是接下来的第一个冬天，对于这些渴望幸福的移民们来说并不是很幸福。他们不得不面对繁重的劳作、糟糕的饮食、严酷的寒冬，以及不断来到的传染病，他们中很多人都失去了生命。历尽艰辛来到这里的102个清教徒此时只剩下了50人，他们每个人都是一脸愁容，他们对未来已经失去了信心。

但是他们还是迎来了转机。在第二年春天的一个早上，有一个印第安人走进了他们的小村庄，原来他是附近村落的酋长派来的"督察员"。而这也是这些清教徒们在移民之后迎来的第一个客人，他们热情地招待了这个客人，并且将他们所经历的痛苦讲给了这个客人听。这位印第安人默默听完了他们的诉苦，在他的脸上流露着无限的怜悯和同情。过了几天之后，这位"督察员"带来了他们的酋长马萨索德。马萨索德是一个非常热情的人，他对移民们表示了欢迎，而且送给了他们很多生活必需品，同时还派出了几名最为能干和有经验的印第安人留在这里教给他们捕鱼、狩猎、耕作以及饲养火鸡等生存技能。

这一年的天气风调雨顺，再加上这些好心的印第安人的帮助和指导，移民们获得了大丰收，他们终于渡过了难关，之后的生活开始变得安定和幸福。这一年的秋天，他们举办一个盛大的集会，以感谢印第安朋友的帮助和照顾，这也就是历史上第一个感恩节。

感恩听起来是一个非常美好的词语，它也是人们心中的一种深刻的感受。感恩的过程能够增进一个人的魅力，能够开启一扇美好的大门，能够挖掘出人们无限的智慧。感恩同时也像是一种特质一样，能够改变人们的内心世界。我们需要认真地去感激别人，不要虚情假意，让我们经常将"谢谢你"等词语挂在嘴边。

感恩是一种对生活的感动，是一种对生活的珍惜。从现在开始请珍惜我们身边的所有人和事，珍惜我们的生活。如果我们常怀着一颗感恩的心，生活就会变得更加美好。

　　每个人的一生中都会碰到很多挫折和磨难，面对这些，感恩就是最好的解决办法。我们如果拥有一颗感恩的心，那么就能够以一种快乐的心态去面对生活，就会获得人生的大丰收。感恩不是停留在嘴上的一个词语，我们应该真正做到感恩，真正尝试着去感谢别人为我们做出的一切。

Part 2

有一种疼痛，叫成长

成长是一个蜕变的过程，是一种经历了磨难之后破茧而出的必然；然而，成长也是一种痛，不管愿意或不愿意，成长的同时都要留下伤疤。但只要能破茧成蝶，褪掉以往的青涩和丑陋，痛就是值得的。

你就是最好的自己

　　世界上的每一个人都是最为独特的，都是独一无二的，每个人都散发着属于自己的光芒。比如说：爱因斯坦就散发着一种属于智慧的光芒，莫扎特的光芒是他所拥有的天才般的音乐能力，鲁迅的光芒是一种深邃的思想和犀利的文笔，霍金的光芒则是对命运的顽强抵抗和物理学的尖端成就……这些人之所以能够拥有这样的光芒，就是因为他们懂得欣赏自己，懂得珍惜自己。

　　爱因斯坦、莫扎特、鲁迅、霍金……他们在艺术、文学或者科技等方面作出了巨大的贡献，达到了顶峰，而他们的光芒也得到了所有人的肯定，人们开始认可他们。但是，并不是所有人都欣赏一个普通人的光芒，这就需要你首先要欣赏自己、肯定自己。

　　大多数人只能看到别人头顶上的光芒，甚至对他们的光芒产生了忌妒的情绪，但是他们却不懂得去积极创造属于自己的光辉。他们在做事情的过程中忘记了自己，甘心受其他人思想的影响。一个懂得欣赏自己的人是不会人云亦云的，更不会做出阿谀奉承的事情，他们会努力为自己开辟出一片天地。爱因斯坦、莫扎特、鲁迅、霍金等，他们就是战胜了挫折和敌人，走出了一条属于自己的道路。如果你能够用欣赏的眼光去看待自己，及时发现自己身上的独特光芒和魅力，那么你也可以像他们一样。

　　在纽约有一位很出名的老师，他就懂得这种欣赏的道理，他总是鼓励自己的学生，也不断告诉自己的学生他们是多么重要。有时候他还会采取一些特别的方法，比如，他曾经将学生们逐一叫到讲台上，然后告诉大家这位同学对班级和别人的重要性，然后再给每一个学生一个红色的缎带，上面写上："要懂得欣赏自己，要知道自己很重要。"

这位老师的举动对同学们有很大的影响，于是这位老师想要对这个行为进行深化，他想看看他的行为到底对一个学生，甚至是一个社区有多大的影响。于是，他给每个学生三条缎带，然后让他们按照他的做法给别人一定的鼓励，举办这种感谢仪式，然后对之后的结果进行观察，并且需要在一个星期之后进行汇报。于是班级里一位男孩到附近的一家公司里找到了一位年轻的主管，因为这位主管曾经教导他完成了自己的学习规划。于是这位男孩将缎带戴在了这个主管的衬衫上，并且将剩下的两条缎带也给了这位主管，然后对他说："我们现在正在做一个研究，我们需要将这种缎带送给对自己有帮助的人，然后让他们也给其他人戴上。我们想要看到这种感谢能够带来多大的影响。"

过了几天之后，这位主管去看望他的老板。他的老板其实是一个易于发怒，并不是很好相处的人，但是他却是一个富有才华的人。于是这位主管向老板表示了自己的仰慕之情，并且夸奖了对方的创造天分，老板听后感觉非常惊讶。这位主管请求老板能够接受自己的缎带，并且希望能够亲手为他戴上，老板很开心地答应了对方的要求。这位主管非常认真地将缎带戴在了老板的衬衫上，并且也给对方送了一条缎带，然后对他说："您是否愿意帮我一个忙，也像我一样，将这条缎带送给那些帮助过我们的人，或者我们尊敬的人，让这种感谢仪式一直延续下去。看看最后到底能不能改变我们社区的面貌。"老板同样爽快地答应了他的要求。

在当天的晚上，老板回到家中之后，看到坐在沙发上看电视的 13 岁的儿子，然后对他说："今天有一件非常不可思议的事情发生了，早上在我办公室里，有一位年轻主管找到我，然后告诉我说，他非常仰慕我的创造天分，并且还送给了我一条非常特别的缎带，我非常开心。他当时还多给了我一条缎带，让我将它送给对我有过帮助的人。在回来的路上我就在想，到底将它送给谁呢？于是我就想到了你，你是我最想感谢的人，在这些日子里，我因为工作太忙，所以对你的照顾有所疏忽，我感觉非常惭愧。虽然我经常会因为你的成绩不够好、你又在学校里调皮了等问题而对你大喊大叫，但是现在我只想心平气和地坐在你的身边，然后将这条缎带戴在你的衣服上，并且表达我对你的感谢和爱意。"

老板的儿子听到父亲这番话之后感觉非常惊讶，他听着听着就开始哭泣，最后都没有办法停止了，他的身体一直在颤抖。他看着自己年迈的父亲，然后哭着说："其实、其实我最近想要离家出走的，因为我认为你不爱我了，所以我感觉没有必要留在这个家中了。但是现在我改变了我的想法。"

这位老师的感谢仪式和缎带一直在延续着。

一个人需要懂得欣赏自己，要懂得珍惜眼前的一切。如果能够抱着这种积极的心态去生活和工作，那么就算是再平淡无奇的工作、生活，都会变得美妙。你需要时刻告诉自己，我是最为重要的，就像上面的故事一样，可能你忽视了自己的重要性，但是还是有人在肯定你。你需要和别人一样看到自己的优点，然后脚踏实地地去工作和生活，活出属于自己的价值。或许现在的你很平庸，甚至一文不名，但只要你懂得珍惜自己，懂得欣赏自己，那么在不久的将来，你也能够绽放耀眼的光芒。

要懂得欣赏自己，但是又不能自命清高，你需要在平凡的生活中看到自己独特的魅力，明白自己对别人甚至是对社会的重要性。你需要懂得自己平凡的魅力，或许在思想、文字、潜力、性格甚至品质等方面，我们还是能够找到自己独特的地方，这些都会让你散发出与众不同的耀眼光芒。

懂得欣赏自己是发现生活，品味生活，把握自己，珍惜自己，创造未来的"金钥匙"。当然一个人如果想要欣赏自己，首先要从客观的角度去分析自己，然后再给自己注入自信。世界上根本就不存在天生的伟人，所以普通人没有必要去自卑，更不能"认命"而选择了放弃。我们没有理由去自卑，我们需要的是自信。每个人都需要相信自己，都需要懂得重视自己。一个懂得欣赏自己的人，就算最后没有获得什么伟大的成功，但是他能够做最好的自己，能够让自己的人生路不一样，其实这种人在其他方面也会获得了不起的成功。

另外，一个懂得欣赏自己的人，才会懂得去欣赏别人，欣赏生活，乃至欣赏生命中的一切。

每个人无论高矮胖瘦，都会有属于自己的性格，都有自己的特色，所以我们需要学会珍惜自己的一切，懂得欣赏自己的一切。这样我们就能够获得快乐，能够让自己过得开心，甚至会取得巨大的成功。、

让自卑成为
成功的催化剂

如果将一块较大的木块放在汽车的轮子下，那么汽车就无法行驶了，只有将它移走，汽车才能够正常行驶。这个小例子告诉人们，自卑心理就好比是这块小木头，如果不将它移走的话，就很难走向目的地。

小梁在十几年前从一个小城市里考到了北京的一所大学。在上大学的第一天，他邻桌的一个女同学就问他说："你从什么地方来的？"这个问题是当初他最忌讳的问题，因为他认为，他出生在一个小城市，从来没有见过大世面，说出来肯定会被这些大城市里的同学所耻笑的。很长一段时间里，这种想法一直左右着他，让他很自卑。

无独有偶，还有这样的一个小女孩，她家虽然是在北京市，但让她自卑的是她很胖，她担心同学们会嘲笑她的身材，所以很多时候她都不敢穿裙子，更不敢去上体育课。在大学结束的时候她差点都没能毕业，并不是因为她的成绩差，而是因为她不敢去参加体育长跑，甚至都不敢去向老师解释。最后老师对她也没有办法，鉴于她平常的表现很老实，只能给了她一个及格分数。

后来在一次电视晚会上，上面讲到的两位见面了，她说："如果我们是在同一所大学的话，估计我们一辈子都不会说话的。因为你会认为人家是北京来的女孩，怎么会瞧得起我？而我也会认为，人家长得那么帅，怎么可能会和我说话呢?"

但是排除了自卑心理后,他们都取得了成功。

很多人都会因为自己的某一项缺陷或者缺点而感到自卑,这种自卑的心理很可能会贯穿其一生,其实,这个世界上没有人是完美无瑕的,我们需要走出自己的自卑心理,这样我们就会告别平庸,造就非凡。

上帝对每一个人都是公平的,很多天才人物也有自己的缺点,他们也会在某些方面表现得非常愚笨。但是,这种愚笨并不会影响他们的成功,他们没有封死自己成功的大门,因为他们能够克服自己自卑的心理,懂得化自卑为成功的催化剂,结果他们离成功越来越近。

比如,音乐家贝多芬童年在学习小提琴的时候,技艺并不是很高超,甚至显得有点愚笨,有时候他不愿意去改善自己的技巧,但是他的老师坚持认为他是一个作曲家的料子。

歌剧演员卡罗素拥有被世界公认的美妙的嗓音,但是最初的时候他的父母希望他能够成为一名工程师,而他的老师则认为他的嗓音根本不适合去唱歌。

达尔文更是在自传上透露道:"小的时候,几乎所有的老师和同学都认为我的资质非常平庸,我这一辈子都和聪明两个字没有任何关系。"

沃特·迪士尼也有过被以缺乏创意为理由开除的经历,而在建立迪士尼乐园之前,他也有过好几次的破产经历。

爱因斯坦更是在四岁的时候才会开口说话,到了七岁的时候才开始认字。他的老师给他的评语更为苛刻,老师说:"他是一个反应迟钝、孤僻,满脑子都是稀奇古怪不切合实际想法的孩子。"爱因斯坦也曾经遭受过被勒令退学的命运。

牛顿小时候成绩非常糟糕,曾经被老师和同学们称之为"傻子"。

罗丹的父亲曾经抱怨过自己的儿子是一个傻子,而在别人的眼中他同样是一个白痴。他参加了三次艺术考试,但是都没有通过,他的叔叔也不得不说他是一个不会有成就的人。

《战争与和平》的作者托尔斯泰，在上大学的时候因为成绩太糟糕被勒令退学，老师认为他是个既没有读书的头脑，同时又没有学习兴趣的人。

可以说，上面提到的这些人都具备了"自卑的理由和条件"，他们中的很多人也被别人深深伤害过，但是他们最终没有自暴自弃，而是积极克服了自己的自卑，并且超越了自卑，所以他们在自己的事业上取得了成功，他们最终摆脱了平庸的人生。伟大的人之所以有伟大的地方，并不是因为他们是超人，关键是他们不会自卑，他们会将自卑转化为自己成功的催化剂，最终取得骄人的成绩。

哲学家曾经鼓励自卑者说："你之所以感到巨人高不可攀，那是因为你跪着。"一个自卑者更应该懂得站起来看世界。

1947 年，美孚石油公司董事长贝里奇前去开普敦检查工作，在卫生间里他看到一个黑人小伙子正在擦拭地板上的污渍，他每擦拭一次就要很虔诚地磕一个头。贝里奇有点想不明白，于是问他这样做的原因。这位黑人回答说，他这是在感谢一位圣人。因为是这位圣人帮助了他，让他找到了这份还不错的工作，让他能够有一口饭吃。

贝里奇于是笑了笑说："我之前也遇到过一位圣人，大约是在 20 年前，我在南非的大温特胡克山遇到了他，并且得到了他的指点，也正是因为这个原因，最终我成为了美孚石油的董事长。"

这位黑人小伙子听完之后就决定去寻找这位南非的圣人，但是他没有找到。他非常失望地找到贝里奇，然后对他说："我到了那座山上，发现除了我自己之外，没有其他任何人，哪里有什么圣人啊？"贝里奇对他说："你说得很对，其实这个世界上除了你之外，没有其他的什么圣人。"

在 20 年之后，这位黑人小伙子成为了美孚公司在开普敦的总经理，他的名字叫作贾姆讷。在一次记者招待会上，他说道："从你看到自己的那一天开始，你就遇到了你生命中的圣人。"

上帝非常公平，他给予一个人缺点的同时，也会给予这个人很多优点，所以我们自己要懂得发现自己的优点，认识到自己的优点，而不是只看到自己的缺点，不能只知道自卑。我们要勇于走出自卑的阴影，然后发挥出自己的优点，从而最终实现自己的梦想。

在这个世界上，每个人都是独一无二存在的，每个人也都是大自然最为伟大的创造，所以我们要正确认识自己的价值，超越自卑的心理，让自己从自卑中走出去，积极发挥自己的潜力，这样就能够成就一番事业，就能够最终摆脱平庸的人生。

断臂的维纳斯

　　一个小女孩自幼双目失明，且再也没有希望治愈。小女孩常常悲观地认为自己是一个可怜的残疾人，每天都郁郁寡欢。一天，她问妈妈："听说每个人都是上帝眼中可爱的苹果，可是上帝让我残疾，我不是上帝的苹果吗？"

　　妈妈说："不，孩子，每个人都是上帝咬了一口的苹果，你这个苹果太可爱了，所以上帝忍不住多咬了一口。"

　　听了妈妈的话，小女孩犹如醍醐灌顶，心情顿觉开朗起来。从此，她不再自卑于失明，而是将这看作是上帝对自己的特别厚爱。她开始振作了起来，接受命运的挑战。经过一番辛苦的努力，她成了远近闻名的盲人钢琴师。

　　"每个人都是上帝咬了一口的苹果，你这个苹果太可爱了，所以上帝忍不住多咬了一口"，这样的比喻是何等的奇特，又是怎样的豁达乐观。尽管这有点自我解嘲的阿Q精神，可金无足赤，人无完人，谁不需要找点理由自我安慰呢？而且，这并不是什么悲伤的事，正是因为有了缺口，我们的人生才能接近完美。

　　这并非是一个谬论，女神维纳斯雕像堪称是艺术作品当中的典范，之所以如此完美，正因为它是一座残缺的雕像——女神失去了双臂！虽然曾有很多艺术家试图复原它的原貌，但是无论什么样的改变，都没有断臂维纳斯更加完美。

正因为失去了双臂，维纳斯才有了惊世之美，残缺使它具备"全数贞静羞涩的美和娴静动人的魔力"，成为美的代名词，也激发了不知多少人心中的维纳斯。

无论你有什么缺憾，都不要绝望，因为你还有很长的人生。人生还要继续，只要勇敢面对，自强不息，就能改变自己的命运，就能拥有生命的芬芳。

一位得道高僧，由于年老体衰将不久于人世，他意图从徒弟们中间找一个接班人，于是他对徒弟们说："你们出去给我捡一片最完美的树叶，谁找到了谁就是我的传人。"到底什么树叶才是完美的呢？徒弟们领命而去，各自奔走。

这时候，一个弟子心想：每一片树叶各自不同，哪里会有最完美的树叶？于是他便在附近树林里随便捡了一片完整无损并且很干净的树叶带了回去。天黑了，其他徒弟都累得气喘吁吁，也没能找到那片"最完美的树叶"，最终都空手而归。

最后，高僧把衣钵传给了那个捡回树叶的弟子，他告诉众人："世界上哪有完美的叶子，世界上也没有绝对的完美，如果那么完美，哪还有喜怒哀乐，世态万千？接受不完美，才算真正领悟到了人间真谛啊！"

我们的人生中总有太多的不完美，虽然多有遗憾，不过这也是我们人生的魅力所在。正因为"人有悲欢离合，月有阴晴圆缺"，我们的人生才不会断续。因为有瑕疵，因为有遗憾，我们才不枉在人世走一遭。

人生百味，有苦有甜，我们难以追求万事的尽善尽美，如果执意如此，那么我们的痛苦和遗憾就会更多。虽然追求完美是我们的一种本能，但我们也要学会调适自己的心，当伤痛无法避免的时候，我们要学会为自己疗伤，不要时时刻刻揭开自己的疮疤。要记住，我们成长的过程就是一个受伤的过程，唯有受过伤，知过痛，我们才能走向成熟。

所以，面对伤痛，我们不必痛哭流涕，怨天尤人，更不能自暴自弃，失去生活的信念。最好的办法就是坦然接受，并且自励自慰：我是被上帝咬过的苹果，只不过上帝特别喜欢我，所以咬的这一口更大罢了。

心有多大，舞台就有多大。只要拥有信念和一颗上进的心，即使不完美，也有权利享受行云流水的生活，并开拓出属于自己的人生舞台。在那时，人们将看见另外一种美，一种乐观而坚强的美。

真实做自己
模仿他人，不如

　　繁华世界，悠悠人生。在这个社会中，有太多的人，有太多的事情。很多人总是会遗忘了自己，总是会朝着别人希望的方向去做自己，最后回过头来发现，原来自己已经不是自己了，原来生活已经和自己设想的有了很大的差别。忘记那些不属于自己的东西，找回自己，然后认认真真做自己，在自己的世界里，看到美好的时光。

　　做一个真实的自己是很重要的一件事情。但是在生活中很多人都迷失了自己，他们不断去模仿成功者的经验，希望能够通过照猫画虎的手段取得成功，他们在这个过程中忘记了自己本身所存在的优点。其实每个人都有属于自己的特质和潜力，都有别人无法比拟的优点，只要能够找准自己的位置，那么就能够看到成功的希望。

　　一个聪明的人在做事情的时候，不会总是询问别人的意见，他们只去做自己想做的事情，做自己应该去做的事情。很多愚笨的人总是会为自己没有遵循成功者的经验而叹息，聪明人却总是能够坦荡地依照自己的方式去生活。他们所依据的就是先去做自己，然后再去向别人学习。如果想要成为一个聪明的人，我们就要敢于去做自己。

　　索菲亚·罗兰是世界著名演员，她年轻的时候为了能够实现自己的演员梦，一个人来到了罗马寻求发展。在最初的时候她听到了很多不利于自己在演艺界发展的声音，很多人都认为她个子太高、臀部太宽、鼻子太长、嘴太大、下巴太小……这些议论都认为她无法做一名优秀的演员，甚至都无法在演艺界生存，但是索菲亚·罗兰并不在意这些议论，她还是坚持着自己的人生追求。

不过，索菲亚·罗兰的坚持取得了成效，最终制片商卡洛看中了她，并且给了她试镜的机会。不过此时摄影师们又开始抱怨索菲亚·罗兰不够漂亮，还是之前的那些理由。于是卡洛对她说："如果你真的想要干这个行业，那么就需要去做个整容手术，将这些问题处理一下。"

但是索菲亚·罗兰有自己的想法，她并不愿意随波逐流，她最终拒绝了卡洛的提议，她决心依靠自己内在的气质而不是外表去在演艺界求得生存。她理直气壮地说："难道我一定要和别人长得一样吗？无论是我的鼻子还是我的臀部，还是我的其他部位，都是我身体的一部分，我不希望改变它们。"

索菲亚·罗兰并没有因为别人的议论而去改变自己，她将这些压力都转化为动力。从1950年进入演艺界开始，她先后接拍了六十多部影片，就在这个过程中她的演技得到了很好的锤炼，同时她的善良和纯情也打动了观众。在1961年的时候，索菲亚·罗兰获得了奥斯卡的最佳女演员奖，最终她成为了一位世界著名的影星。

而就在索菲亚·罗兰取得成功的时候，之前那些关于她不好的评价全部销声匿迹了，甚至到了最后她的体态成了选美的标准。在20世纪末，已经到耄耋之年的索菲亚·罗兰还被评为了世界上最美丽的女性之一。

索菲亚·罗兰认为自己之所以能够取得如此辉煌的成绩，就是因为她坚持了自己，她说："我不去模仿任何人，我也不会向奴隶一样去跟着时尚走，我只要做我自己。"同时她还说："当你能够将自己独特的一面展现出来的时候，那么你的魅力也就随之而出现了。"

索菲亚·罗兰的成功就是因为敢于做自己，她在面对别人嘲笑的时候能够顶得住压力，她并没有因为别人的语言而去抱怨自己的长相，相反，她决定依靠自己的实力去证明自己。最终她通过不懈的努力实现了自己的愿望，取得了成功。试想，如果当初她听从了别人的话做了整容手术，那么，或许她就无法取得现在的成功了。

其实每个人都有自己的个性，没有必要通过模仿别人而取得成功。

一个聪明人就是敢于做自己的人，他能够不断地坚持自己。每个人都是一个独立的个体，而自己的个人魅力和个人气质就是最大的优势，这些都是别人无法模仿的。每个人都是这个世界上独一无二的，谁都无法替代。人只要能够坚持自己，能够坚持走自己的路，那么最终就能够取得属于自己的成功。一个敢于活出自我本色的人，就能够成为自己生命的主角，就能够成为命运的主宰者。古语说得好："刻鹄不成尚类鹜，画虎不成反类犬。"

其实无论是权力还是名誉都是一些身外之物，只有做真实的自己才是最重要的。一个人活在这个世界上，如果太在乎别人的感受，总是因为别人的感受而去改变自己或者委屈自己，说一些自己不喜欢的话，做一些自己不喜欢的事情，那么这个人就会感觉非常痛苦。我们需要学会做自己的主人，要懂得审视自己，按照自己的个性去走属于自己的路。

人要敢于做真实的自己，不要只是抱怨，更不要因为别人的言论而放弃自己的想法。你所选择的路也许很热闹，也许很寂寞，但是毕竟是自己选择的路，在这条路上一定要坚持走下去。

一个聪明的人知道自己该在什么时候去做什么事情，而不是一味效仿别人，其实敢于去做自己就是能够成功的表现。

不盲目攀比，每个人都是富翁

每个人的面前都有很多美好的事物，只不过总是有人无法正视这些美好，他们总是认为别人的东西比自己的好。其实我们所拥有的或许就是别人所渴望的，所以我们需要珍惜自己眼前的东西，懂得珍惜拥有。这才是我们应该做的。

一个人如果要快乐，就需要懂得满足的道理。如果他的心中一直存在着不满的情绪，那么始终都不会快乐。虽然一个人可以对自己的事业和自己的生活始终不满足，但是同样要学会珍惜。

曾经有一位年轻人总是认为自己时运不济，不能够像别人一样成功，所以他整天愁眉不展。有一天他遇到了一位白须老人，对方问他说："孩子，你为什么整天都不快乐呢？"

年轻人看了一眼这位老人说："我是一个十足的穷光蛋，我现在没有房子，也没有一份像样的工作，而且收入也不高，整天都过着饥一顿饱一顿的日子，像我这样一无所有的人怎么可能高兴起来呢？"

老人则笑着说："傻孩子，其实你可以尝试着笑一笑的。"

年轻人对此非常不解，他认为他的情况已经很糟糕了，已经没有办法笑出来了。

老人则非常诡异地说："其实你是一个百万富翁，只不过你自己不知道罢了。"

年轻人有点不开心了，他说："百万富翁？你开什么玩笑？你这是戏弄我吧!"说完就准备要走。

老人则说："我怎么会拿你寻开心，你不妨回答我几个问题。"

年轻人非常好奇地想知道是什么问题。

老人说："现在，我拿出20万金币，买你的健康，你愿意吗?"

年轻人坚定地摇了摇头说："我不愿意。"

"那么，我现在拿出20万金币，买走你的时间，让你成为一个小老头，你愿意吗?"

年轻人非常干脆地回答说："当然不愿意了。"

"那么，我现在再拿出20万金币，要买走你的容颜，让你变成一个丑八怪，那么你愿意吗?"老人继续问道。

年轻人想也不想地说："当然不愿意。"

"那么，我现在再拿出20万金币，要买走你的智慧，你愿意吗？买走之后你就变成一个浑浑噩噩的人。"老人问道。

年轻人非常肯定地说："只有傻瓜才愿意这样做。"

最后老人又说："那么你回答我最后一个问题，假如我拿出20万金币，然后让你去杀人放火，那么你愿意吗?"

"天哪，这种丧尽天良的事情我才不去做呢。"年轻人甚至有点气愤了。

"年轻人，你已经听到了，我刚才拿出了100万金币，然后去买你拥有的东西，你都不愿意。难道你不是一名百万富翁吗?"老人微笑着对年轻人说。

年轻人愣了一会儿，好像突然明白了什么。

其实我们在羡慕别人的同时，已经忽视了自己身上所具备的财富。健康、时间、美貌、智慧、良心这些都是我们的财富，每一样都是无价的宝贝。既然我们都具备了这些宝贝，那么我们还缺少什么呢？所以我们需要好好珍惜现有的这些东西，然后好好利用它们。我们需要放弃那些不切实际的幻想，放弃那些让自己变得伤悲的情绪，此时我们就会发现我们也是位百万富翁。

人生最大的悲哀不是不具备财富，而是没有意识到自己所拥有的财富。我们这些健全的人比起那些不够健全的人来说，已经幸运很多了，我们所拥有的健康，正是他们所最渴望的东西。我们如果能够意识到自己每天早上起来还可以呼吸，那么我们就是世界上幸福的人了。

有一个著名的女高音歌唱家，她在三十多岁的时候就红遍了全国。后来她找到了一位如意郎君，他们的生活非常幸福，让所有人都感觉到非常羡慕。

有一年，这位女高音歌唱家去邻国举办个人演唱会，入场券很快就被抢购一空，在晚上的演出中她得到了大家热烈的欢迎。在演出结束之后，她的丈夫和儿子一起到剧场来看望她，而他们被等候在那里的歌迷团团围住，歌迷都表示了自己的羡慕之情。

她只是淡淡地说："我先要对大家的赞美表示感谢，我希望在今后的生活中我们能够共享快乐。但是你们只是看到了我光鲜的一面，其实我的儿子是一个不能开口说话的聋哑人，而且我还有一个常年关在家里患有精神分裂症的女儿。"

这位女高音歌唱家的话说完之后让所有人都为之一惊，他们你看看我，我看看你，都不知道该说什么了。

而这位女高音歌唱家则非常平淡地对他们继续说："不过这些能说明什么呢？其实只能说明一个道理，那就是上帝对每一个人都是公平的，给谁的都不会多。"

很多时候我们所拥有的东西别人并不拥有，拥有优点的人们其实都拥有一定的不足。所以我们没有必要为了别人的拥有而感到不开心，而应该为了自己所拥有的而开心。很多人都有过这样的经验，他们在无意间获得了很大的快乐，但是当他们要再次寻找的时候，却再也找不到了。于是，他们开始感叹自己失去了太多美好的东西，而他们的一生都在不快乐中度过了。其实每个人都应该重视现在，而不是看重过去，如果我们只是一味地抱怨昨天，那么我们今天也就不会过得舒服了。

对于我们现在所拥有的，我们应该懂得感恩，更应该懂得珍惜。罗曼·罗兰说过："我们生活在没有变故的日子里，不觉得一切顺利进行是多么可贵和多么值得我们欣慰和感谢的。"所以我们要懂得珍惜我们现在所拥有的一切。

当然珍惜现在并不是让我们自我陶醉，更不是让我们自欺欺人。而是在强调让我们紧握自己手中的幸福，懂得自己现在所拥有的财富，从而丢掉那些不如意的东西，以一种乐观的心态去面对明天的世界。

对于我们现在所拥有的，我们首先要珍惜生命，然后对我们的工作、家庭、友情等懂得珍惜，另外我们还需要珍惜时间……虽然我们的现在并不完美，但是我们要懂得珍惜，这样我们就能够创造美好的未来。

其实在人生路上属于我们的东西并不是很多，所以我们要懂得珍惜我们现在所拥有的东西，对我们现在的价值进行肯定。不要等到失去的时候才想到了这些美好。命运就掌握在我们自己的手中，如果我们错过了，那么我们的人生就会变得悲剧。

人生苦短，青春易逝。如果想让我们的人生更具有色彩，那么就需要去珍惜一切，懂得这样的人生才是最完美的人生。看到自己所拥有的财富，而不要只盯着自己所不曾拥有的东西。

只要有合适的位置，垃圾也能变宝贝

我们先来看一个唐代大文学家柳宗元的故事。

柳宗元认识一个木工，他们家的木床坏了他都不会修理，但是他却声称自己能够建造房子，他的话让柳宗元深表疑惑。

后来有一天，柳宗元在一个工地上看到了这个木匠。他当时正在对别人发号施令，而且表现得有条不紊，在他的指挥下，其他的工匠都井然有序地工作着。通过这一次经历，柳宗元才明白过来，虽然这个木工不是一个好木工，但他却是一个优秀的领导者。

"其实，垃圾并不是垃圾，只不过是放错了位置的宝贝。"这句话有着一定的合理性，我们需要找到适合自己的位置，这样比盲目地寻求成功要有实际意义。

一个成功的人总是懂得给自己定位，而定位就是一个人给自己找到合适的位置，并且给予合适的评价。有一位心理学家就感慨地说："我从事心理研究已经有很久了，将近 20 年了，我感觉人们最重要的就是懂得给自己定位。"一个人要懂得给自己一个合理的位置，而社会对不同位置的人有着不同的要求。每个个体都是按照社会对他的要求履行义务的。在这个过程中，人其实是被动的，所以心中总会生出种种的不平衡，都会去羡慕别人的成功，但是他们总是看不到别人成功背后的辛苦和汗水。

詹姆斯在高中读书的时候，他的校长就断言说："詹姆斯根本就不适合读书，他的理解能力非常差，到了现在他都无法弄懂两位数以上的计算。"他的母亲听到这些话之后非常伤心，于是她将詹姆斯领回家，她想要依靠自己的力量将儿子培养成才。

回家之后的詹姆斯有一天路过一家正在装修的超市，他发现在超市的门前有一个人正在雕刻一件艺术品。詹姆斯倒是对这件事情产生了浓厚的兴趣，于是他凑上前去，然后认真观赏起来。

之后，詹姆斯的母亲发现儿子无论看到任何的材料，包括石头、木头等，都会认真研究起来，都要想办法去打磨和塑造这些东西，直到将它们弄成自己喜欢的形状才满足。他的母亲感觉非常着急，她不希望自己的儿子因为这些事情而耽搁学习。

但是，詹姆斯还是让自己的母亲失望了，因为他的成绩没有一所大学愿意录取，就算是本地最不出名的大学也不愿意录取他。他的母亲只好对他说："现在你已经成年了，你应该去走属于自己的路了。"

詹姆斯也意识到自己在母亲的眼中已经是一个彻底的失败者了，他感到非常难过，于是他决定一个人离开家乡，去寻找自己的事业。

在很多年之后，某城市的市政府准备为纪念一位名人而在市政府的门前广场上竖立一个雕塑。于是很多雕塑家开始为市政府献上自己的作品，每个人都希望自己的名字能够和这位名人联系在一起，因为这将是非常光荣的事情，但是最终一位远道而来的雕塑家的作品获得了市政府以及所有专家的认可。

在揭幕式上，这位雕塑家对大家说："我现在最想将这座雕塑献给我的母亲，因为我在读书的时候没有取得任何的成功，我的失败让她非常伤心。现在我想对她说的是，在学校中可能没有我的位置，但是在生活中有我的位置，而且是能够成功的位置。我想对我的母亲说：希望今天的我已经不会再让她对我失望。"

这个人就是詹姆斯，他的母亲此时也在人群中。他的母亲喜极而泣，她此时才明白自己的儿子并不是笨蛋，只不过当年他在一个不适合自己的位置上而已。

像詹姆斯一样的人其实有很多，世界上很多做出贡献的人，都是从小被老师认为不聪明的人，比如爱因斯坦小时候就经常被老师讥笑，但是最终他却成为了世界上著名的物理学家。

在我们的现实生活中，很多父母都有望子成龙、望女成凤的思想，他们不管孩子的兴趣，总是会违背孩子的意愿去对他们进行培养，他们按照自己的喜好去安排孩子的未来，他们根本没有想明白，他们的这种做法会压抑孩子的兴趣发展，最终会让孩子失去实现理想的渴望，甚至很有可能埋没了一个天才级的人物。

我们需要给自己一个合适的定位，我们需要根据自己的兴趣和爱好来为自己制定未来，无论是过高的定位或者过低的定位都会影响到自己能力的发挥。我们不能给自己定一个不切合实际的位置，而当自己处于低谷的地位时，更应该有一种攀登的勇气。

火柴就是为了点燃东西的，轮胎就是为了奔跑的，音箱就是为了发出声音的……每一样东西都有自己特定的特点和使命，我们只有找准了自己的位置，才能离成功更近一些。很多伟人的成功都是因为他们给了自己一个很好的定位，他们在现实生活中找到了最佳的位置，并且非常好地塑造自己。

一个人如果想要打破平庸的生活，就需要给自己找好定位。很多时候我们产生自卑感并不是我们不如别人，而是因为我们没有给自己一个准确的位置。我们放弃那些过高或者过低的位置，为的就是更好地找到自己，给自己定位。在适当的位置上才能够更好地发挥自己的特长和品质。如果自己给自己定的位置太低，很容易实现，就没有了继续努力的动力；如果给自己的定位太高，就会多次受挫，自然就没有努力下去的动力了。

人们都知道，想要看清别人不是一件难事，但是要想有自知之明就很困难了。我们虽然不应该自大，但是我们也不应该自卑，找到适合自己的定位，然后努力去迎接未来，这样我们才能够取得成功。

野百合也有春天

人们时常会羡慕别人，当他们在自己的工作岗位上勤勤恳恳的时候，可能羡慕那些位居高层的管理人员；当有一天他们升职了，又会回首羡慕那些充满精力的新进员工……以我们的亲身体会来说，当哥哥、姐姐入学的时候，我们羡慕他们的成长；但当我们进入学校之后，我们又想回到无忧无虑的童年。当我们埋头于书本当中时，羡慕那些踏入社会的精英；当我们如愿以偿之后，又怀念起清纯的校园时光……这是一种非常有趣的现象，在我们的眼中，最美的风景总在别处。

我们习惯于羡慕，也习惯了看别人的生活，却忘记了自己手中也有着大好的人生。殊不知，就像我们的面貌一样，世界上没有完全一样的两张脸，我们每个人都是世界上独一无二的花，有着自己的芬芳，有着自己的姿态和气质。不要去羡慕玫瑰的美艳娇贵，我们或许有着百合的清幽淡雅，何需羡慕？

在新浪微博上看到过这样一句话："永远不要去羡慕别人的生活，即使那个人看起来快乐富足；永远不要去评价别人是否幸福，即使那个人看起来孤独无助。幸福如人饮水，冷暖自知。"幸福就像是秘密花园，只有自己能够明白它的真谛，他人的生活我们无法窥探，同样我们的幸福他人也难以效仿。

有这样一个寓言，一个厌世的女孩决定跳楼自杀，因为她觉得自己不够幸福，但是在她从高高的房顶落下来的那个过程中，她才发现，在众人眼中非常恩爱的夫妻在吵架，整天嘻嘻哈哈的人在号啕大哭……此时的她才明白，原来自己是否幸福只有自己知道，自己过得也还不错。

为什么我们会羡慕别人呢？这或许就是人们常说的，得不到的才是最好的。很多人都抱着这种心理，所以你在羡慕别人的时候，或许你自己也是别人眼中的风景。要是你能够和别人互换一下的话，会不会就真的快乐了呢？未必！

在河的两岸分别住着一个和尚与一个农夫，和尚每天看农夫日出而作，日落而息，生活非常充实，相当羡慕。而农夫看和尚每天无忧无虑地诵经敲钟，生活轻松，也非常向往。因此，他们心中产生了一个念头："到对岸去！换个新生活！"有一天他们商量一番，达成了交换身份的协议。

当农夫当上了和尚后，才发现敲钟诵经的工作看起来悠闲，事实上却非常烦琐，每个步骤都不能遗漏。更重要的是，僧侣生活非常枯燥乏味，让他觉得无所适从；而成为农夫的和尚每天除了耕地除草之外，还要应付俗世的烦扰与困惑，这让他苦不堪言。于是，他们的心中同时响起了另一个声音："回去吧！"

如此看来，我们真的没有必要去羡慕别人，而应该感谢上天所赐予自己的一切。更何况，每个人除了有自己的快乐之外，还有自己的悲伤，远不如我们眼中看到的那样美好，只不过人们都善于隐藏自己不幸的一面，都愿意以最骄傲的姿态展现人前，所以在我们羡慕的别人背后，或许也有不为人知的伤痛。

是的，上帝给谁的都不会太多，每个人都有属于自己的幸福，也有深藏于心的痛苦与无奈。很多时候，之所以我们感受不到幸福，是因为我们喜欢比较，看别人拥有的比自己多，在无休止的攀比、羡慕背后会觉得越来越痛苦，越来越忧郁。除了累了自己的心，也伤了自己的身体，还蹉跎了青春岁月。

所以，不要让别人的幸福涣散了你的注意力，也不要一直把目光盯向别人、羡慕别人。

玫瑰有玫瑰的美艳，百合有百合的芬芳，在芸芸众生当中，我们只需欣赏，无须攀比。静下心来，多欣赏欣赏自己，就会发现，我们的生活其实并没有想象中那样糟糕，我们还有很多，比如时光、记忆……停下追逐他人的目光，你的内心将变得豁达开朗，通达畅快；不去羡慕别人，你的日子就会变得悠然平静，从容不迫；不去羡慕别人，你才会找到自己的生活，过好你自己的日子。

站在山上放眼眺望山河的行者，背着一个行囊走走停停，让自然的风光洗刷掉内心的阴霾，那是他的快意人生；山间汗流浃背的挑夫，趁着歇息的工夫，拿草帽当扇，饮一口小酒，吃几粒花生，那是他的悠然自得。人生不需要太圆满，只要懂得这个道理，用心坚守属于自己的那一份幸福，心中自然也就不会有什么不甘和埋怨了。

记住，无论你是玫瑰还是百合，不必羡慕别人的美丽，用心做好自己，终会有花团锦簇、香气四溢的一天。

生活是自己的，
看法是别人的

当你面对他人的评价和指责的时候，你会作何反应？是心情低落，还是据理力争？相信没有任何一个办法比"关你什么事"这句话更让人哑口无言了。人生是一幕剧，你站在属于你的舞台上表演着，直到曲终人散。观众可以评论你的剧本，但无权改变你的剧本。或者，台下可以没有观众。

成功的戏剧家并非是迎合观众口味的人，而是用心演绎的人。斯坦尼斯拉夫斯基曾经提出过一个"当众孤独"的理论，他认为，想要做一个优秀的演员，那么在他表演的世界里，就应该只有他一个人，周围的一切都应该被忽略。既然要在我们的人生当中扮演主角，那么我们就应该用心演绎自己的人生，他人的评论，无关痛痒。

没有人能够完全理解另一个人，所以任何评论都只是一己之见而已，你的人生他人并没有参与，对于他人的意见你又何必纠结？

有一位年轻的女孩，一直希望证明自己的价值，可每当她鼓起勇气去做一件事的时候，只要周围人说一句消极的评价，她的热情和兴致顿时就会消失一半。渐渐地，她对自己失去了信心，甚至还产生了自卑的情绪。

后来，她向一位长者求助，希望能够得到一些启示，改变自己。她问长者："为什么别人努力过后总能得到回报，而我努力的结果却总是那么糟糕呢？"

长者笑着摇了摇头，说："如果我送你'芳香'两个字，你会想到什么？"

女孩思考了一会儿，说："我会想到蛋糕。我开过一家蛋糕店，可是不久前停业了。到现在，我依然能够想到那些芳香四溢的甜品。"

长者点了点头，然后带着女孩去拜访一位画家，他也问了对方这个问题。画家说："芳香，让我想到百花争艳的野外，还有翩翩起舞的少女。这两个字，给我的创作带来了灵感。"

随后，长者又带女孩拜访了一位动物学家，也问了同样的问题。动物学家说："芳香，让我想到自己正在研究的课题，自然界里很多动物都用身体散发出的芳香气味做诱饵，捕捉猎物。"

女孩不太明白长者的用意。见此情形，长者又带她去拜访了一位久居海外，刚刚回国来探亲的富商。同样，还是芳香的问题。只见富商动情地说："芳香，让我想到了故乡的土地。"

辞别那位富商之后，长者问女孩："现在，你已经看到不少有成就的人了。他们对'芳香'的认识，和你一样吗？"女孩摇摇头，还是一脸的疑惑。

长者笑了，意味深长地说："生活中，每个人都有与众不同的芳香，你也一样，有自己的芳香。为什么你不能像别人一样出色呢？那是因为你总是太看重别人对芳香的理解，把生命浪费在别人的眼光里。"

1000个人眼中有1000个哈姆雷特，每个人都有不同的阅历，也有不同的看法。不用去在意别人对你的看法和评价，你是在为自己而活。即便你做了什么招来流言蜚语，也不用担心，你不过是别人饭后的谈资而已，对你没什么影响。每个人都有自己的生活，不会有人以关注你的一生为目标。

曾经有个女孩，每天都要花费大把的时间搭配衣服、化妆，这让她觉得辛苦，但她无法停止这种行为，她每次打扮过后都会问朋友好不好看，终于有一天她的朋友不耐烦地回了她一句："随你打扮成一枝花，谁闲着没事看你啊？"女孩这才明白自己过于关注别人的看法了，其实别人并不那么在意自己的打扮。

不要在意别人的眼光，你走你的路，他人的看法并不能否定你的人生。随别人怎么看，随别人怎么说，你都过着你的生活，快乐着你的快乐。做回真实的自己吧，真实的你才是最美的你，真实的你才能绽放最美的青春。

讨好谁都不如讨好自己

从前，有一位很有名气的诗人，但是他却一直为一件事苦恼着，即他还有相当一部分诗没有发表出来，并且，也没有得到别人的欣赏。

苦恼之际，这位诗人找到了他的朋友——一位禅师。这天，诗人向禅师说了自己的苦恼。禅师听后淡然一笑，手指着一株茂盛的植物说："你看，那是什么花？"诗人看后回答说："夜来香。"禅师说："没错，是夜来香，它仅在夜晚开放，那么你知道这种植物为何仅在夜晚开花，散发香味吗？"诗人看了看禅师，表示自己不知道何故。

禅师告诉他说："夜晚开花，并无人注意，它开花，不是为了取悦别人，而只是为了取悦自己！"诗人听后感到很惊讶："取悦自己？"禅师笑道："凡是选择在白天开花的植物，都是为了引人注目，得到他人的赞赏。而夜来香恰恰相反，它在没人欣赏时开放自己，芳香自己，它这样做只是为了让自己快乐。一个人，难道还不如一株夜来香吗？"

禅师看了一眼诗人接着说："有不少人，总是让别人掌握着自己快乐的钥匙，自己所做的一切，都是在做给别人看，让别人来赞赏，好像不这样做自己就快乐不起来。实际上，在不少时候，我们做事的目的应该为自己。"诗人笑着说："我懂了。一个人，不是活给别人看的，应该为自己好好活着，度过自己有意义的人生。"

禅师点了点头，又说："一个人，只有取悦自己，才能把握好自己；只有取悦自己，才能将自己有效地提升；只有取悦自己，才能把自己好的一面展现出来。要知道，夜来香夜晚开放，可是会有不少人是闻着它扑鼻的芳香入睡的啊。"

我们每个人只有取悦自己，才能将美好的感觉传递给他人；只有取悦自己，才能将自己提升至一个应有的高度；只有取悦自己，才能更好地肯定自己。在实实在在的社会生活和工作中，取悦自己就是一剂速效药，能让一种乐观自信的心态长久地保持下去，从而使我们勇敢坦然地面对未来要走的路。

曾经有这样一则调查，某公司的所有男士要对公司所有女士进行评论，并指出最吸引自己的女士名字，结果表明：凡是被点到的女士们，要么有良好的气质，要么善解人意，要么富有生活情趣，要么个性不凡。实际上，她们以自己的优势取悦他人之前，自身一定是被自己取悦着的，通常，这些人建立起来的家庭也都是幸福而快乐的。

其实，对于我们每个人而言，内心的一种愿景是——"海浪轻逐，春暖花开"，在这幅美丽的"画卷"之上，有恬淡自然，也有惬意芳香。如果我们先站在不可调和的事物面前，再去关照自己的内心，便会猛然明白自己接下来的选择——取悦自己要比取悦他人更为智慧。

一位作家曾经说过这样一句话："每个人心中都有一首歌，即便没有掌声，我们也能歌唱，也能取悦自己。"实际生活中，在面对林林总总的大小事时，真正能做到不去刻意权衡利益，不在乎物质的多少，真正听从自己内心的人又有多少呢？

所以说，我们要沉浸在自己的内心，用自己认为快乐的生活方式，将生活打造得无比斑斓，不管是当下还是未来，每分每秒都要记得为自己而活着，无须取悦他人，因为任何东西都无法替代"取悦自己"带来的那种快乐和幸福。

Part 3

心中若有美，处处莲花开

心情不是人生的全部，却能左右全部的人生。
我们常常不是输给了别人，而是输给了自己。把
心放平，一切会风平浪静；把心放下，一切会淡
然平静。走自己的路，看自己的风景，别让人生
输给了心情。

心若向阳，
怎会忧伤

有一天，凯特去拜访天生乐观的米拉奇。米拉奇乐呵呵地请他坐下，凯特开始向对方提问："假如你一个朋友也没有，你的心情会怎样？"

米拉奇回答："如果是这样，我会高兴地想，我很庆幸没有的是朋友，而非自己。"

"假如你正行走，突然掉进一个泥坑，等你出来以后，你的身上满是泥巴，你的心情会怎样？"

"如果是这样，我会高兴地想，我很庆幸不小心掉进了泥坑，而非无底洞。"

"假如你被人突然猛打一顿，你的心情会怎样？"

"如果是这样，我会高兴地想，我很庆幸仅仅是被打了一顿，而非被杀害。"

"假如你在拔牙时，医生因工作疏忽错拔了你的好牙，而将你的坏牙留下了，你的心情会怎样？"

"如果是这样，我会高兴地想，我很庆幸他错拔的只是一颗牙，而非我身上的心脏等。"

"假如你睡觉正香时，有人用歌声吵醒了你，你的心情会怎样？"

"如果是这样，我会高兴地想，我很庆幸这里只有一个人吵我，而非一只狼。"

"假如你的妻子背叛了你，你的心情会怎样？"

"如果是这样，我会高兴地想，我很庆幸她只背叛了我一个人，而非整个国家。"

"假如你马上就要失去生命，你的心情会怎样？"

"如果是这样，我会高兴地想，我终于开心地走完了人生之路，我想，我是奔着另一个盛大的宴会去的。"

"如此说来，生活中没有什么是可以令你痛苦的，生活到处都是快乐？"

米拉奇带着快乐的神情说："对，如果你愿意，你就会在生活中随时发现和找到快乐。痛苦往往是不请自来，关键在于，我们要学会如何去发现与寻找快乐和幸福。"

生活赋予了我们各种各样的经历，虽然我们无从选择，但是我们可以决定自己的态度。正如米拉奇那样，在获得成功的时候，我们会快乐；在受到安慰的时候，我们会快乐；在爱充满人间的时候，我们会快乐；甚至有时在流泪的时候，我们也会快乐。只要我们拥有一颗快乐的心，那么就没有不快乐的事。

快乐由心而生，生活只能给我们快乐和悲伤的机会，而真正的感觉由我们自己创造。生活百味，在人生的旅途当中，我们会有各种各样的经历，可能让我们感到幸福，也可能是失落，但无论遇到了什么样的事情，我们都要保持快乐的心态，从平凡的生活当中，从困境当中，找出快乐的理由，由此获得心灵的平静。

生活当中的不如意实在不少，尤其对于我们而言，生活经历有限，再加上社会的巨大压力，内心失去快乐似乎并不鲜见。其实大可不必为此伤怀和难过，要勇于让心灵接受快乐之光的照耀，就像米拉奇一样，以一颗无比快乐的心接纳眼前发生的一切。佛曰，我快乐，因为我普度众生；农民曰，我快乐，因为我每天脚踏实地；修行者曰，我快乐，是因为我的生活没有任何杂念……

总之，真正意义上的快乐是精神和内心的一种行为，而这种行为恰恰让我们的内心获得宁静。相反，如果一个人整天紧锁眉头，那么这种不快乐也会像"瘟疫"一样容易传染到别人。

身上没有愈合不了的疮疤，只有不愿愈合的心灵疮疤。所以不要总沉浸在挫折、伤痛当中，也没必要每天都对生活愁眉苦脸。生活就是伤痛并快乐着的过程，我们应该快乐，因为快乐是对自我的一种超越，是一种悲天悯人的宽容，是一种发自内心的自信，是一种长大了的成熟。快乐就是润滑人际关系的一方良药，快乐就是挑战自我的一块基石，快乐就是收获健康的一把金钥匙。让快乐的光照见心灵，不失为一种做人的气魄、气度和智慧。快乐如此温暖，如此智慧，我们的心还在犹豫什么呢？

不要管周围的人是否真的快乐，他们过得不好是因为自己不愿意快乐起来。其实快乐对于每个人而言，都是极其公平的，它就静静地站在我们每个人的心里，只是有待于我们去发现和挖掘，所以我们千万不要轻易蒙上快乐的双眼。

特别是当我们内心深感压抑、难过的时候，静静地享受一个人的下午茶，或者给亲人打一个长长的电话，这都会让我们备感温暖和幸福。关键还要看自己的内心，如果想着自己是快乐的，那一定就是快乐的；如果觉得自己无法快乐起来，那一定就是忧郁的。认真对待生活的每一天，做好我们自己，调节好自己的心，有所求，有所不求，那样快乐就会整天围绕着你。

生活永远不会是一盘死棋

马克·吐温说过："幸福就像夕阳——人人都可以看见，但多数人的眼睛却望向别的地方，因而错过了机会。"

曾经有位商人每次遇到挫折的时候，就会说一句："感谢上帝！"但是他并不是一位教徒，他对别人解释道："我只是感谢上帝给了我又一次了解自己的机会，我在哪里失败过，说明我在这个地方还可以更强大，我一想到自己有一天在这个地方会变得更强，那我就会非常兴奋，从而感谢上帝。"

这位商人很明显是一个拥有乐观精神的人，他总是将挫折看成是认识自己最好的机会，他认为这些挫折可以让他变得更加强大。其实每一个人都是自己的心理医生，如果想要对自己了解更多，那么就需要多观察自己，每时每刻反省自己，从而寻找快乐的机会。比如，当你在努力的时候，却发现身旁一个个没有努力的人却率先取得了成功，此时如果你只知道叹息和自暴自弃，那么真的就只能失败了，此时你更应该想想是不是自己什么地方做得还不够好，去改变这些，这样你也会获得成功。

乐观对我们没有任何的伤害，但是不乐观则对我们有很大的影响。

约克教授常碰到这样的情形，研究进行得不顺利，学生向他求救："怎么办？几个月的心血都毁了！"约克教授通常会花两分钟看看手上的报告，然后拍拍学生的肩，笑着说："事情还不算太糟!"接着和学生出去走走，花两个小时开导学生的心情，于是第二天，学生们又开心地进研究室继续工作。

中国古时候就有"塞翁失马"的故事，告诉我们，有时候坏事未必不能变为好事，我们需要乐观地对待这一切。正是因为有了塞翁乐观的心态，所以渴望成功的人才能够在每次失意的时候寻找到值得庆幸的地方，才没有被坎坷的遭遇所打垮，最终每次都能够化危机为转机。

其实，每个人都会遇到各种各样的挫折，我们也有可能遭遇很严重的失败，但是在遇到任何问题的时候，请乐观地去面对，换一个角度去考虑问题，或许就会发现，情况并不是那么糟糕。在问题面前悲观根本改变不了任何问题，陷入悲观中的人只能让自己的挫折加剧，有时候乐观一点，说不定就能够创造奇迹。

"塞翁失马，焉知非福"。遭遇不幸的时候或许就是命运开始扭转的时候，我们对此更应该以乐观的心态去面对。不要悲观，不要失望，更不要放弃，要知道幸福和快乐，换一个角度就能够看到。

每个人的生活都不是一帆风顺的，凡是在某个方面成功的人都经历过一段痛苦的过程，他的身上都有时间和不顺留给他的痛苦，但是他们能够乐观地看待这些问题，他们能够忘记这些伤痕，然后抱着乐观的心态看待所有的事情。即便生活给了他不公，但是他能够一笑了之，然后奔赴他的下一站，或许那就是他成功的起点。

不一样的自己
自信：让你遇见

自信是取得成功的一个秘诀，自信心能够使我们将能力发挥到极致。一个人即便有各种优势和能力，如果不自信，那么也无法取得成功。没有人天生就是天之骄子，但是成功的人往往都是比别人更为自信的人，他们可以借助自己的信心一直鼓励自己，最终取得成功。

自信是走向成功的第一步，一个人如果拥有了自信，那么他的起点就不是零了。而相反，如果一个人没有自信，那么他的起点就是-1了。后者即便能够成功，那他付出的也要比别人多很多，而且要比别人晚成功很多年。

人只有有了自信心，才能够在面对挫折的时候拥有勇气和良好的心态，这样的人自然更容易获得成功。

有一个小女孩，她的家庭原本就非常贫困，而她的父亲又患上了白血病，因为没有及时救助而离开了人世。在她的父亲去世之后，只剩下了她和母亲相依为命，十年时间里她都是依靠为别人洗碗和做临时工为生。十年时间过去了，她已经从一个懵懂的女孩长成一个美丽的少女了。

当她18岁生日的那天早上，她的母亲给了她20美元，让她拿着这些钱去打扮自己。当时是圣诞节的前夕，天空中飘着大雪，因为她只有20美元，所以她买不起很好的衣服和鞋子，于是她一个人低着头走在马路上，自然也没有人能够注意到这样一个普通的小姑娘。此时她在一家商店的橱窗中看到了一个漂亮的发卡，于是她就买下了这个发卡。

当女孩戴上这个发卡之后，她觉得自己变得非常漂亮了，也自信了起来。其实女孩本来很漂亮，只不过是缺少自信而已，此时她充满了自信，一个帅小伙儿居然主动邀请她跳舞。女孩感觉非常开心，于是她想再给自己买一些装饰物，这时她才发现头上的发卡早已经不知何时掉了。

这个女孩因为没有漂亮的衣服和鞋子而感觉到自卑，而她的美丽也被自己的自卑所遮盖了。她戴上发卡之后感觉漂亮多了，其实发卡根本就不在她的头上，她之所以漂亮是因为她的自信。那个发卡只不过是一个心理上的暗示。一个人只要拥有自信，那么什么装饰物都不重要，它们只是作为人的陪衬而已，我们需要用自信来展示自己的美丽。

如果一个人能够自信，那么连老天都会帮助他的。一个拥有自信的人是任何事情都不会惧怕的，他们反而能够在逆境中更有勇气去挑战，能够不断激发出自己的潜力，所以就会感觉此时连上天都在帮助自己。一个自信的人能够拥有化腐朽为神奇的能力，而这种能力是无法被复制的。

所以，我们需要扬帆起航，寻找到自己的自信心。很多人都很自卑，很大程度上是因为受到了他所处环境的影响。其实我们可以多给自己一些鼓励，在心底里给自己一个暗示，告诉自己，任何事情我们都能够做到。一旦这样想了，那么就能够积极克服自己的自卑，从而为自己树立信心，最终就能够完成任务，取得成功了。

拥有了自信，那么就没有什么事情是做不成的。自信是一个人成功的前提，如果一个人对自己有了十足的自信，那么就已经成功一大半了。试想，如果连我们自己都无法相信自己，那么又怎么可能让别人相信你呢？

自信能够帮助我们开启成功的大门，人虽然不是万能的，但是只要有自信，愿意付出努力，那么就会取得成功。不要怀疑自己的能力，要时刻充满自信。

成功是一扇虚掩着的门

美国有位著名的成功学家拿破仑·希尔，此人在人际学、创造学和成功学等方面都颇有造诣，同时也是一位非常著名的励志大师。拿破仑·希尔早年在做研究的时候，归纳和总结了 17 条最有价值的能够提升一个人自信心的定律。

拿破仑·希尔曾经和一群学生一起做了一个有趣的实验，他问这些学生说："你们谁认为在 30 年内我们能够废除监狱？"学生们都认为他的这种设想不可能达到，于是很多人都说："这是不可能的事情，如果出现这种情况，那么我们的正常生活就会受到威胁，到那个时候天天都会发生犯罪。"

拿破仑·希尔对他们说："你们都看到了不能废除的原因，但是我们现在假设可以废除，那么我们该怎么做？"于是，学生们开始出谋划策，他们纷纷说："多成立一些青少年活动中心"，"消除贫富差距，从而减少犯罪的概率"，"积极预防，对有犯罪倾向的人进行心理治疗"……

到最后，这些学生居然提出了 78 种设想。

其实通过这个小实验我们可以看到：当我们认定一件事情无法完成的时候，我们的大脑就会为"做不到"来找理由了；而一旦我们相信一件事情能够成功，那么同样大脑就会帮助我们寻找能够成功的理由。

所以，通过这个小实验我们可以看到，我们需要以一种积极的心态去面对生活，保持一种自信的心态，慢慢地我们就会尝到成功带来的喜悦；假如我们以一种消极的心态去面对生活，那么我们就无法走向成功。世界上虽然有很多天才，但是大部分人都是普通人，所以人们成功的理由更多的是因为他们足够自信，足够努力，对自己的责任思考得足够多。当我们面对挫折或者不如意的时候，不要自暴自弃，更不能怀疑自己做不到，我们可以读些关于普通人成就非凡的故事。我们在失败面前要保持自信，要知道几乎所有人的成功首先都要经历失败的洗礼，而一旦我们在失败面前还能够保持自信，那么就会积累丰富的经验，同时也更加坚定了我们的信念，我们就会坚持下去，最终走向成功。

1954 年之前，如果一个人想要在四分钟内跑完一英里会被人认为是痴人说梦，但是美国运动员班尼斯却坚持认为自己可以做到，他甚至每天早上起来的时候会对自己说："我相信我可以在四分钟内完成一英里，我相信自己一定可以成功。"于是，他每天都会非常刻苦地训练，虽然刚开始失败了很多次，但是他的信念一直支撑着他。直到 1954 年的时候，他以 3 分 56 秒 6 的成绩跑完了一英里，他的成功为我们证实了信念的力量。

但更让人值得回味的是，在班尼斯取得成功之后，不到一年的时间里就有三十多人同样完成了这个看起来无法完成的任务；而在两年的时间里，总共有两百多人完成了这个任务。但是，他们已经不能够像班尼斯那样被载入史册了，因为他们没有像班尼斯一样一直坚持，从而第一个完成这个任务。

每个人在走向成功的时候，都要经历一段坎坷和曲折；每一次成功都需要付出代价，都要面对一定的失败。假如在这个过程中我们没有足够的信心，不能够坚持下去，那么我们就会成为一个失败者，而且会一直失败下去。如果我们能够给自己一个必胜的信念，在最关键的时刻坚持一下，那么之后的路就会"海阔天空"。

当我们遭遇挫折和失败的时候，我们应该相信自己可以战胜这些，最终走向成功。在遭遇失败的时候，我们不要被自己的借口所耽误，不要因为各种理由变得摇摆不定，不要被自己的惰性所牵绊，一定要相信自己有足够的能力。虽然我们不能够在所有方面都很优秀，每个人都多多少少存在一些缺陷，比如拿破仑个子很低，林肯长相普通，罗斯福曾经患过小儿麻痹症，丘吉尔身材臃肿等，这些都是他们的缺陷，但是他们并没有因为自己的缺陷而停止成功的步伐，他们一直拥有成功的信念。

在任何时候我们都要坚信自己能够做到，这是一种最有力量的感觉，很多人的成功都是依靠这一点。所以当面对缺陷和怀疑的时候，我们都不要放弃，要用自信的信念去支撑自己，然后耐心寻找成功的机会。成功的门一直是虚掩着的，只要你拥有足够的勇气去推开，其实这个过程并不难。试着推开每一个虚掩着的门，然后走向属于自己的成功。

简单的生活
最快乐

当青春来临的时候，每个人都急于踏上另一段旅程，走向所谓的"成功"，但是我们忘了，在这之前应该停下来想一想，自己想要的究竟是什么，我们眼中的成功又是什么。

钟灵刚刚大学毕业，走出校园的她还未褪去青涩，对于她来说，真正进入社会正是她向往已久的。记得在学校里读书的时候，她那已经在社会打拼多年的表姐经常带着她逛街，只要是她喜欢的衣服，她的表姐都会买给她，而她表姐自己更是一身名牌。在她们逛街累了的时候，表姐会带她去星巴克喝喝咖啡歇歇脚，对于钟灵来说，这是梦一样的生活，也是她眼中毕业之后的样子。

但事实上，刚刚毕业的钟灵并没能过上那么小资的生活，她虽然上了不错的大学，但是找工作的时候还是困难重重。最终，她进入了一家小公司。现实和梦想的差距有点大，钟灵以为毕业后自己就能每天喝着咖啡，穿着名牌职业装，坐在高档的写字楼中工作，但事实是她的工资在交付房租和生活费后基本就不剩什么了。

对于这样的现实，钟灵感到非常痛苦，她觉得自己的青春应该是辉煌而灿烂的，不该在小公司当中消磨，她想要穿名牌，想装点好自己的青春。当她的梦想遇到岔路口的时候，她被浮华遮蔽了双眼，误入了歧途……

那是一次晚宴。在餐桌上，年轻漂亮的钟灵吸引了一个老板的注意，在那之后，这个成熟的男人总是送钟灵一些礼物，从衣服到包，一应俱全。钟灵知道这位老板已经结婚了，但是看着那些耀眼的奢侈品，她还是不可自拔地陷了进去。但是，她的生活并没有预想中那么快乐，公司当中总有闲言碎语，时不时还有男同事阴阳怪气地开玩笑；当她凭借自己的能力完成一项工作的时候，也得不到大家的认可。钟灵想，反正已经如此了，那就这么继续吧……

不过后来，钟灵却幡然醒悟了，一切皆因为他的到来。他是公司聘请的工程师，钟灵对他一见钟情。如果是曾经的钟灵，一定会以自己的气质去慢慢吸引他，但在纸醉金迷中沉迷太久，钟灵已经染上了一身世俗气，她穿金戴银，花大把的钞票约工程师吃饭看电影。但工程师对她却总是爱答不理，最后工程师和一名新进职员在一起了。钟灵发现，那是一个清水一般的女孩子，曾经的她也是这样……

三十而立，四十不惑，五十而知天命，这也就意味着，在不同的年龄段有着不同的追求。青春期的人们以为奢华和物质才是生活的本质，但或许忽略了一个问题，就是这些是否可以和幸福、快乐画等号。

物质不过是生活的附属品而已，用它装点自己的青春也无可厚非，但这并不代表着我们应该用珍贵的青春去置换。青春是美好的，是值得珍惜的，可它也不过是我们人生当中的一段旅程而已，过去之后只能成为我们的回忆。淡然一些，不要急于用浮华填充青春的缝隙，简单未必不是快乐，用快乐装点自己的青春，让青春在日后的回忆中熠熠闪光。

别为小事抓狂

凡是做大事的人都不会去计较小事。如果能够将一些烦琐的小事全部都丢到脑后，就会有更广阔的空间让我们去发展。所以，我们要在人生路上对那些无关紧要的小事视而不见，从而将自己的心思全部放到该做的事情上去。也只有这样，我们才能够集中精力去做应该做的事情，最终告别平庸。

人生一世只有几十年的光阴，但是很多人却在小事情上浪费着自己的生命，因为一些小事情而耽搁时间，这其实是毫无意义的。一位诗人说过："生命太短促了，不能再只顾小事。"尤其是那些没有任何意义的小事，不值得我们去劳心费神。所以我们为了能够快乐而有意义地度过我们的一生，就需要懂得放弃那些无关紧要的小事情，放弃那些会让我们变得平庸的小事情。

我们需要做一个快乐而又聪明的人，我们要懂得享受我们的人生，不要因为一些小事而烦恼。尤其是在人际交往中，如果遇到一些鸡毛蒜皮的事情，假如没有什么实质意义的话，那么我们就可以对其视而不见和充耳不闻，我们没有必要去计较这些东西，更不应该为了它们而浪费我们的时间和精力。

很多人都会因为一些小事情而搞得垂头丧气。比如，罗斯福夫人刚刚结婚的时候，每天都在担心着她的厨子做饭很难吃。而后来罗斯福夫人笑着说："如果这件事情发生在现在，那么我只是笑笑就让它过去了。"

一个人一生的时间有限，如果过多地将精力放在鸡毛蒜皮的小事情上，那么工作和学习的时间就少了很多。而这些小事又没有任何的意义，这些事情不仅会让我们的心情糟糕，而且还会让我们的生活越来越平庸。

成功者说："重要之事决不可受芝麻绿豆小事牵绊。"我们身边那些取得成功的人，他们能够合理处理小事，而不是将大部分的精力都耗费在这些小事上。凡是成就大事业的人，基本都是"小事糊涂，大事认真"。而相反，那些总是计较于小事的人，总是在大事上很糊涂。人的精力都是有限的，如果过多地在意小事，那么就很容易分散对大事的注意力，甚至没有时间去顾及。

大多数时候，我们都应该设法将注意力从那些琐碎的小事上转移开，努力让自己拥有一个全新的思考方法。

一位作家在写作的时候，总是会被公寓热水炉的响声吵得想发疯，他经常会因为这些声音而在自己的座位上气得乱叫。

有一次他和几个朋友一起去露营，当他听到木柴燃烧的声音时，就想到，其实他可以尝试着喜欢这种声音的。于是，回到家之后他就对自己说："火堆里木头的爆裂声，是一种好听的音乐，与热水炉的声音也差不多，我不应该太在意这些声音，而是应该享受这种声音。"一段时间后他表示："在刚开始的时候，我还会注意到这个声音，但是时间久了我就忘记这个声音了，甚至感觉这个声音根本就不存在。"

我们的生活本就是由一些小事组成的，但是我们的生活中不仅仅只有小事情。如果我们过多沉浸于小事上，那么我们的人生根本就不会有什么大的发展。

当然，想要做到小事不计较并不是一件容易的事情，需要我们有良好的修养，善解人意，从多个角度去考虑问题，多一些体谅和理解，就能够多一些和谐。

计较小事很容易酿成大祸。一位法官曾经仲裁过多达四万多件的婚姻案件，他说道："很多不美满的婚姻生活都是因为平常的一些小事情。"一位检察官也曾说道："我们这里的刑事案件大多数都是因为一些日常小事。比如在酒吧中逞英雄，因为一些小事情争吵，等等。"这个社会中没有人是天生残忍的，而那些犯了错误的人，主要是因为一些小事情触及到了他们，而他们又不懂得放下这些小事情，最终导致了犯罪。

我们不要因为一点点的小事情而影响了我们追求理想的进程，适时地放下小事情，这样我们就能够过得更愉快，而且有时间去做一些大事情。

事情没你想的那么坏

当不幸降临，我们的心会感到痛苦与忧伤，我们的生活会陷入冰冷中。然而，不管命运让我们受怎样的折磨，我们都应该用理智的思想来看待它。

但是，有些人总爱站在墙角看问题，在遭遇不幸时，总觉得自己这一辈子都完了，再也不能拥有幸福了。而一直这么想，就会让自己走进一个阴暗的死胡同，或者陷入无止境的悲伤中。其实，有的时候，事情并没有我们想象的那样严重。只是我们不知转向，钻了牛角尖，而且越陷越深。

佛家有云："今日的执着，终会造就明日的后悔。"过于执着于委屈，我们的内心就无法得到平静，也无法获得快乐。而站在"墙角"看问题，就很容易让我们执着于错误的事情，会让我们的痛苦越积越多。当痛苦沉重到一定程度，我们的生命就很可能负担不起。

如果我们能放下心中执念，走出挡住我们目光的墙角，不再纠结于委屈或者错误的事情，我们就会发现事情还有很多种解决方法。在遇到不幸时，不要急着抱怨老天对自己不公平，先想一想，事情到底有没有自己想的那么糟糕，你有没有把自己的心局限起来。

一个城里的孩子去乡下体验生活，用自己全部的钱——100美元，从一个农民那里买了一头驴。这个农民接过钱，同意第二天把驴牵给他，但是当第二天男孩来找农民时，却被告知驴子死了，钱也花光没法退了。

男孩凝神想了想，就让农民把那头死驴给了他。几天后，农民遇到了男孩，问他是如何处置死驴的。男孩说："我在热闹的市集上举办了一场幸运抽奖活动，奖品就是那头驴，我卖出了 500 张彩票，每张两美元。"

"难道没有人对奖品不满吗?"农民疑惑地问。

"有啊，就是中奖的那个人，所以我将他的两美元还给了他。"

多年后，长大的男孩成了一家大公司的总裁。

在这个故事中，男孩花 100 美元买了一头死驴，或许没有比这更倒霉的了。如果是我们，十有八九会和农夫大吵一架。可是吵架也没有什么意义，毕竟驴活不过来，农民也还不出钱来，只能让我们的心情更加糟糕。只不过是 100 美元而已，损失一些身外之物实在没有必要气急败坏，给自己找不痛快就更是得不偿失了。

男孩打破了常规思维，不去要回那 100 美元，而是站在更远更高的位置上，想出了一个全新的能扭转形势的办法。

死缠着问题不肯放手，并不一定能够解决问题，走到死路就要迷途知返。面前的痛苦算什么呢? 我们的生命很长，我们未来的快乐还很多。如果我们能多想想快乐的事情，多想想以后多彩的人生，痛苦就会慢慢减少，直至不再对我们的生活造成任何影响。

让我们回顾一下自己走过的路，有没有曾为一些小小的不顺而整夜睡不着觉，有没有因为别人的斥责耿耿于怀很多年。重新再看，你也许会想：那些曾让我们觉得无比委屈的事，其实根本不值一提。

是的，没有什么事情是无法过去的，再委屈，再不幸，也只是生命轨迹中的一个阶段，只要走出束缚我们心情的墙角，把心灵放大，眼前的一切不快都会成为永远的过去。如果太过于计较眼前的一些委屈，那样只会缩小我们的内心，让我们永远也走不出去。当我们向前看之后，就会发现我们的人生还有很多美丽的景色。

是清欢
人间有味

　　同样望着一片天空，有些年轻人望见的是遮挡住阳光的云层，有些年轻人却可以透过云层感受一望无际的蔚蓝；同样走进一片树林，有些年轻人看到的是地上的落叶和野草，有些年轻人看到的却是清新的自然风光；同样处在虚荣的环境中，有些年轻人会因他人的奢华生活而自惭形秽，有些年轻人却能从容自若地走过人群，不怯懦，不自卑。

　　可见，幸福是一种心态，一种源自内心的美好，一种触手可及的快乐感觉。淡定而幸福的人，总会在波澜不惊的平常日子里，体会不经意间掠过发梢的幸福，哪怕只是粗茶淡饭，也能够吃出别样的味道。

　　十几岁时，她就失去了母亲。作为家里的长女，她帮助父亲一起把三个弟弟、妹妹带大，还供他们读了大学。结婚后，她和丈夫做代课老师，拿着微薄的薪水，既要维持生计，又要照顾体弱多病的公婆。一路走来，她吃了很多苦，受了很多委屈，可她从来没有抱怨过。相反，有她的地方就有爽朗的笑声，从来没有人看到过她愁眉不展的样子。

　　为了支撑这个家，她和村里人商量，承包了人家不愿耕种的田地。每天下课之后，她就到田里做农活。田里产的粮食和蔬菜，自己吃不完的她就拿到集市上去卖。每天晚上，她要备课，要照顾公婆，还要哄两个年幼的孩子睡觉。她每天要做的事很多，可不管多忙她都不会影响到工作。在学校里，她的教学能力和对待学生的热心劲儿，大家有目共睹，尽管是代课老师，可丝毫不比正规学校出来的老师差。她教的那个班级，成绩几乎每年都是第一。得空的时候，她还会组织孩子去郊游。后来，她参加了民办教师转正考试，结果得了县里的第一名。

她说，日子过得清苦点没什么，一家人开开心心地在一起，我就很知足。上课时，看着孩子们那充满渴望的眼神，心里也有一种难以言表的幸福。人不是有钱才幸福，心里的踏实感和幸福感，多少钱也买不来。

生活需要用心感受，即使物质生活贫乏，只要精神富有，我们就会体悟到生活的美妙。反过来说，即便我们丰衣足食，天天名牌加身，如果内心空洞，那么依旧会觉得疲惫。空有一颗欲望之心，无论走到哪儿，流露出的只是苍白冷漠的眼神，内心也总是蠢蠢欲动，难以安宁。

有人说：生活原本是一杯水，贫乏与富足，权贵与卑微，不过是个人根据自身情况为生活添加的调味剂罢了。有人爱刺激，把它做成多味酱；有人喜欢甜蜜，给它加点糖；有人喜欢甘香，便把生活泡成茶；有人喜欢苦中作乐，便把它冲成咖啡。当然，也有人就喜欢淡淡的白水，什么也不加，安心享受原汁原味的生活。在他们眼里，只要心美，一切皆美；只要心不苦，怎样活着都是幸福。

一位作家曾说："心美一切皆美，情深万象皆深。"青春是美丽的，在这个阶段的我们眼中，世界也是美丽的，当我们内心装满了深厚的情感，就会觉得世间万物都很深刻。世界上的万物，没有一样是不美好的，即便是破洞的袜子，它也是漏掉累赘留住幸福的网。

生活如同一杯白开水，清澈透明，淡淡无味。你加入什么调料，就能喝出什么样的味道；你加入什么颜色，呈现在眼前的就是什么颜色。日子不怕淡，就怕自己把白水熬成苦药或毒药。用心品味，用心欣赏，你会发现平淡如水的生活里一样蕴藏着幸福，一样可以折射出太阳的光芒，绽放五颜六色的璀璨光彩。

人要看得开，放得下

万花筒一般的世界里，有多姿多彩的幸福，也有忧郁暗淡的时光。若没有一颗淡定从容的心，没有一份超然物外的洒脱心境，就只会任由忧郁无限地扩大，慢慢吞噬掉所有的幸福。

安安在一家保险公司做经理助理。这家公司的工作氛围很积极，很阳光，每天晨会都会激励员工，让大家充满激情地开始新一天的工作。周围的同事们，每天都快乐着，闲暇的时候会讨论吃什么，周末到哪儿去玩，沉默寡言的安安对此却没有丝毫兴趣。她不爱与同事交谈，总是一副冰冷冷的样子，每天沉浸在自己的世界里，周围的人慢慢疏远了她，她却浑然不知。

每天下班回到家，安安都觉得眼睛酸胀，腿也有点酸。原本，这是正常的疲劳，可她想得却有点多：生活怎么如此艰难？工作怎么如此机械？我到底在追求什么？她对生活有过太多的设想，虚幻的网络环境让她憧憬着美妙而诗意的生活，可现实不是童话，她不愿意面对，也不愿意接受，只是沉浸在小伤感中不能自拔。这样的日子，过了一天又一天，每天晚上她想着想着都会忍不住流泪。大概是忧郁成了习惯，她的眼泪越来越多，心灵也变得越发地脆弱。

生活无法永远按照我们预定的方向行驶，但也正因为有了未知，生命才变得有意义。谁都会有不完美的地方，谁都会遇到不顺心的事，如果都像安安一样钻牛角尖，不肯敞开心扉，始终让心灵藏在阴暗的角落里，那么这一辈子都很难快乐了。倒不是因为她的人生路上有太多不幸，只是因为她把目光锁定在了"不幸"上，忽视了那些幸运的事情。

就像黑夜总与阳光同行，快乐总与痛苦相伴，如果能多关注一些美好，生活中就会充满开心和阳光；如果死死盯着痛苦，生活就只有不幸和抱怨。淡定的人，会选择最从容的活法，不管遭遇什么，随时都准备放自己一马。因为幸福不是外界环境创造出来的，它是从内心深处散发出来的。

一位诗人说过："让世俗的万物从你的掌握之中溜走，不必去忧心，因为它们没有价值；尽管整个世界为你所拥有，也不必高兴，尘世的东西只不过如此；我们该从自己的心灵之中找归宿。"所以，身处喧嚣与浮躁之中的我们，不妨学着在心里种一棵"忘忧草"，让它过滤掉抱怨，赶走忧郁，为心灵带来芳香与快乐。

忘忧草，可以是一本日记。当你感到沮丧抱怨的时候，就把那些压抑的心情写下来。你可以把心烦的事大书特书，反正别人也看不到，只要让自己舒服就好。宣泄过后，你会有如释重负的感觉，反过来再看自己刚刚的"奋笔疾书"，或许你会淡然一笑，把坏心情和那本日记一起锁进抽屉。

忘忧草，可以是一封信。如果写日记是自我倾诉，那么写信就是向他人倾诉，每个人都需要朋友，都需要安慰，只要勇敢地打开心扉，朋友也会尽量帮你分担坏心情。

忘忧草，可以是一场电影。沮丧的时候，看看《幸福来敲门》，别人的幸福之路或许也能引领着你找到自己的方向；失恋的时候，看看《他没那么喜欢你》，让自己看清事情的真相，早点走出过去的阴影；累了的时候，看看《怦然心动》，两小无猜的温情故事或许能给疲惫的心带来一丝安宁……

忘忧草，可以是一段音乐。多年前，有一首歌就叫《忘忧草》："美丽的人生善良的人，心痛心酸心事太微不足道，来来往往的你我遇到，相识不如相望淡淡一笑。忘忧草忘了就好，梦里知多少，天涯海角某个小岛，某年某月某日某一次拥抱，青青河畔草，静静等天荒地老……"静静地坐在床前，聆听这样的音乐，舒缓的旋律定能够抚慰你那颗慌乱的心。

忘忧草，还可以是转移情景。走出狭小的世界，到外面漫步散心，让优美的景色和新鲜的空气，冲淡内心的烦躁与不愉快；离开令你伤心烦恼的地方，做一些有兴趣的事，参加一些集体活动，在欢乐中摆脱忧郁的阴影。

如果你今天早上醒来时还算健康，那么你是幸福的，因为有100万人将活不过一个星期；如果你不曾经历战争的危险，那么你比5亿人还好命；如果你有食物吃、有衣服穿、有地方住，你比世界上的14亿人还富有……想到这些，你会发现，其实幸福不难，也不贵，只要心中有一棵"忘忧草"，每个人都可以从从容容地过一生。

Part 4

生活不是等着暴风雨过去
而是学会在风雨中跳舞

生活不会一帆风顺、高奏凯歌，人生有苦，有甜，也有伤，每一种创伤都是一种成熟。因为，只有一路跋涉，历经艰难和险阻，承受挫折和磨砺，尝遍欢笑与泪水，才能懂得活着的意义。

生活是一条布满荆棘的路

为什么我出生在偏远地区，而不是城市里的知识分子家庭？为什么自己大学毕业的时候偏偏赶上国家不再分配工作？为什么自己拼命工作，而老板却把晋升的职位给了一个亲戚？为什么自己成家立业的时候房价较几年前翻了数倍？……

每一个人都期盼着公平，但是绝对的公平是不存在的。遭遇生活的不公平时，很多人无法适应，怨天尤人，整天活在忧郁之中，这或许能解一时之气，但我们也就等于被生活击垮了，更别提获得安然的生活方式了。

试想，如果你大学毕业后被分在基层工作，你一边愤愤不平，一边敷衍工作，那么你会有被升职的机会吗？恐怕没有，因为领导会认为你连最简单的事情都做不好，根本不会有责任和能力去做更高层次的工作。

上天眷顾的只是少数人，而我们只是那大多数中的一部分。既然这样，我们何必对那些不公平的人或事耿耿于怀呢？正确的方法是温和宽容、平心静气，以忍灭嗔，不被不公平所牵绊，思考如何更好地适应生活的不公，创造公平。正如哲人所说："生活是不公平的，你要去适应它。"

曾经有两只猎犬西西和南南，主人每次带它们出去打猎，它们都会有不小的收获，所以它们的主人经常夸奖它们，一般都是奖励给它们两只野兔或者两只野鸡，很长时间了都没有变化过。这种奖励方式让主人的弟弟很不能理解，因为弟弟通过观察发现，西西每次看到猎物都是在狂吠，但是它并不敢冲上前去；而南南就不一样了，它每次都是冲在最前面。这不是明摆着的事情吗？西西是一个夸夸其谈的家伙，而南南才是一个真正的实干家。

弟弟因为这两只猎犬的遭遇而想到了自己的处境。他是一家公司的职员，他是典型的"南南式"的实干家，他为公司做出了很多贡献，但是他一直都没有得到公司领导的奖励，他对此也非常气愤。而他正是因为气愤才到哥哥这里来的，他提醒哥哥，难道就不能让这两只猎犬竞争一下，让它们分出一个高低，然后再对它们进行奖赏，这样的话岂不公平很多？

终于有一天，弟弟得到了哥哥的同意，他带着西西和南南去打猎，他决定要对哥哥的工作方式和奖励措施进行改革。他让西西去东边的山上捕猎，让南南去西边的山上捕猎。这样一来，到底谁捕获得多不就很清楚了吗？西西和南南分别在两个小时之后回来了，但是让弟弟非常意外的是，西西和南南都没有捕获到猎物，一只都没有。

对此，弟弟非常费解，于是他向哥哥请教。哥哥告诉他说："弟弟，其实西西是一只只会叫的猎犬，而南南是一只只会捕猎的猎犬，关于这一点我早就知道。但是只有两只狗在一起合作，才能够收获到猎物，如果分开的话两只狗都将会一无所获。因为捕猎的时候需要一只狗来叫唤，将猎物吓得不知所措，然后另外一只狗不动声色地去捕获猎物，这样的话它们既节省了体力，同时又捕获到了很多猎物。而我对它们的奖励也是这样，我知道南南付出得更多，但是世界上没有绝对的公平，只有不去计较这些得失，齐心协力去努力，才能够获得一定的成绩。无论是小到一个家庭，还是大到一个国家，都是这个道理。"听完哥哥的一席话之后，弟弟终于知道自己错在什么地方了。他回到公司之后开始更加努力工作，同时和同事积极合作，再也没有抱怨过，果然不到一年的时间，上级就为他升职加薪了。

在上面的故事中，西西和南南的工作不同，但是它们得到的奖励却一样。其实这和我们人类社会是一样的，每个人都在社会中扮演着不同的角色，都是缺一不可的。或许有的时候别人付出的比我们少，但是却得到了比我们更多的报酬，对此我们不管是抱怨还是愤怒都无法解决问题。我们应该换个角度考虑这个问题：如果他的工作交给我，我能完成吗？每个人的能力不同、社会资历不同、受教育程度不同等，因为这些不同造就了人们在社会中的分工不同。要记住，在这个世界上没有绝对的公平。

世界上没有绝对的公平，也正是因为这个原因才使得世界上有如此多的能工巧匠。因为他们意识到了世界的不公平性，所以他们才会更加努力工作，然后将这种不公平扭转为相对的公平。在这个过程中他们也承受了巨大的痛苦，他们也承担了别人不愿意去承担的义务和责任，自然也经历了比别人更多的磨难，同时也创造了比别人更大的成绩。这个过程也造就了他们坚强的内心和性格。假设他们拒绝承担责任，也不愿意去改变现状，那么他们就会成为时间的淘汰品，让自己陷入这种不公平中。

面对这种情况，我们就需要摆正自己的心态，要看清世界上的不公平，然后努力迎接属于自己的成功。只有承认了世界不公平这个事实，我们才不会整天哀叹世界的不公平，才能够不断激励自己。每个人的人生都不完美，我们必须相信自己，不断挑战未来，而不是整天抱怨世界的不公平。

小张来自一个贫困乡农村，专科毕业后为了谋生他来到西安一家大型企业做保安。最初，这个小保安感到很沮丧，因为在很多人心中保安是和"素质低下""没有文化"这些词联系在一起的。曾有同学想给他介绍对象，对方女生"啊"地叫了一声，"什么？一个保安？"连要求外来人员出示证件这种例行的工作，他也会碰钉子，"哎呀，你不就是个保安吗，还查什么证件呀！"

这些经历让小张感觉自己不被尊重，他一度眼红，很不服气："命运为什么这么不公平？凭什么那些白领们在干净优雅的办公室里办公，而我却要在风里雨里站岗？"不过，他很快调整了自己的心态，决心努力缩小与这些人的差距，之后他利用所有的闲暇时间来充实自己，他利用休息时间攻读英语、经济管理、社会心理等课程。由于什么都是从头学起，小张学得很拼命，就算是坐火车回老家时他也拿着书在看。有时，看到周围的队友业余时间在看电视、打篮球，他也心里痒痒的，但一想起别人说的"你不就是个保安吗？"他就会咬牙学下去。

就这样，"潜伏"了近三年，小张通过成人高考考上了西安一所大学的经管系，他一边工作，一边学习。通过几年的认真学习和实践锻炼，他的个人能力得到了提高，并以全班第一的优秀成绩毕业。一毕业，他就被一家大型企业录用了，月薪比保安工作翻了好几倍，他已经是一名真正的白领了。

出身贫寒，没有学历，小张面临了太多的不公平，但是他凭着勤奋与坚持，取得了令人瞩目的成功。这个事例告诉我们一个道理：不要在公与不公上计较，放弃抱怨和愤怒，接受不公平的现实，及时做一些更有价值的事情，把力量用在增加能量、提高自己上面，那么，早晚有一天生活会给我们公平的回报。

面对生活的不公平，每个人因为自己的修养、意志、胸怀、境界的不同，会有不同的态度，会作出不同的反应。正是这种不同，造就了一个人和另一个人，一些人和另一些人的不同人生。换句话讲，一个人的未来，主要取决于他如何面对不公平，以及他在不公平环境中有怎样的表现。

唯有适应当下的环境，才有机会去改变自己的处境。

普希金有一首短诗《假如生活欺骗了你》："假如生活欺骗了你，不要忧郁，不要愤慨；不公平时，暂且忍耐。相信吧，快乐的日子将会到来。"不要奢望自己成为上帝的宠儿，假如生活欺骗了你，给了你诸多不公平的待遇，那么请接受普希金的忠告吧："不公平时，暂且忍耐。"

人生之道，贵在变通

在生活和工作中处理事情需要懂得进退取舍，对待一些特别的事情可以采取一些权宜之计。有的时候我们需要遵循常规去处理问题，有的时候我们则需要采取一定的权宜之计，或许这种方法会取得更好的效果。如果你遇到了自己无法处理的问题，那么就不必为了争强好胜而和对方进行死扛，此时我们就可以采取权宜的计策。

这种权宜之计很多时候表现为一种智慧。中国有句古话"秀才遇见兵，有理说不清"。为什么会造成这样的结果呢？就是因为兵并不会和秀才说理，他们两人处理问题的方法完全不同。

在三国时期，刘备因为讨伐黄巾军有功，所以被提升为安喜县尉。就在他上任后不久的几天里，代表郡守督察下属各县官吏的督邮来到了安喜县。督邮本就是一个贪赃枉法的人，他每到一个地方都习惯收受贿赂，如果有人不给他贿款的话，那么他就会参上这个人一本。刘备因为刚刚上任，而且对这位督邮不是很了解，加之他本人为官清廉，所以也就没有给这位督邮送礼。因为这个缘故督邮拒绝和他见面，刘备一气之下决定辞去官职，于是他就带着关羽和张飞，拿着自己的安喜县尉大印，一起去找这位督邮。

督邮看到刘备来了，刚开始还以为是来送礼的，于是非常高兴地和他见面了。但是督邮最终发现刘备根本没有送礼的意思，于是他的脸色就变了，他非常轻蔑地对他说："你的出身是什么？"刘备对他说："我是汉朝宗室，中山靖王后代，因为在之前平定黄巾军有功，所以被升为安喜县尉。"督邮听后就更加生气了，于是他说："刘备啊，刘备，你居然敢冒充宗室，冒领军功，我这次就是代表朝廷来查处你们这些人的。"刘备本来还打算继续分辩的，谁知张飞早就忍受不住了，他冲上去，不由分说揪住这位督邮就开始拳打脚踢。刘备对此也没有阻拦，直到最后打得差不多了，才出来相劝。接着他将安喜县尉的大印挂在督邮的脖子上，三人骑着马离开了。

其实，如果我们碰到的是一个蛮不讲理的对手，那么我们一定要显出比他们强的一面来，当然我们并不一定要采取暴力的手段，因为武力并不是解决问题最好的办法。如果我们在一个蛮不讲理的人面前示弱了，那么只能给自己徒增一些不必要的麻烦，我们一定要展示自己强大的一面，如此才能让对手望而生畏。

我们在现实生活和工作中需要善于应用这种策略，有时会取得意想不到的效果。展示自己的强大，只是一种自卫性的行为，我们不要有意去侵犯他人。

孔子在周游列国的时候，他的马跑了，吃了一户农民的庄稼，那位农民有点不开心了，他扣住了马不让离开。孔子的弟子子贡是一个能言善辩的人，他主动说去讨回马，但是他费尽了周折也没有将马要回来，因为他的语言和庄稼人的不是一个路子，子贡只能回来给孔子汇报。听完子贡的汇报之后，孔子说："你讲的全是一些大道理，谁能够听懂呢？我看还是让我的马夫去解决这个问题吧。"

马夫见到庄稼人之后，对他说："我说伙计，你说你种庄稼怎么可能不出一点问题呢？我们还要赶路，要不把马还给我们吧。"庄稼人听到马夫的话之后，就接上茬，然后两个人聊了起来，并且最终将马高高兴兴地还给了他们。

马夫虽然没有给庄稼人讲什么大道理，但都是他们能够听懂的话，所以农民最终还了马。而子贡虽然讲了很多大道理，但是他的话不被庄稼人所接受，只能无功而返。孔子是一个能够通晓人情、善于用人的人，他知道马夫能够做到子贡无法做到的事情。其实历史上有过很多这样的事情，就比如宋太祖巧选陪伴使的故事。

南唐三徐在江东一带非常有名气，他们都是知识渊博的人，尤其是散骑常侍徐铉的知名度非常高。当时南唐派遣徐铉到宋朝来谈关于朝贡的事情，宋朝也需派出差官做陪同。当时很多人都担心差官的语言能力比不过徐铉，所以都非常为难，一时间也找不到合适的人选。此时宋太祖看到大家都没有什么好的办法，于是让大臣们出去，一个人在那里思考。过了一会儿，他想到了一个好主意，他传出旨意："命将殿侍当中不识字者录名十人，进呈。"下面的人虽然感觉很奇怪，但还是按照这个命令办了，然后将名册递交给宋太祖。宋太祖看完名册就将陪伴使决定了下来。大臣们更是无法理解了，但是都不敢阻止宋太祖的旨意。

殿侍不知道什么情况，但是又不敢违背宋太祖的意思，于是硬着头皮去见南唐的使者去了。当时徐铉自打来到宋境之后就口若悬河，讲得头头是道，听的人都没有办法应对，而殿侍来了之后，也不做回答，只是哼哈答应。徐铉也不知道对方葫芦里卖的是什么药，但还是絮絮叨叨说个不停。但是好几天过去了，殿侍还是同样的态度，徐铉的伶牙俐齿便没了用武之地。

其实宋太祖在位时，朝廷上尚有陶穀、窦仪等能辩之鸿儒为官，如果将他们派遣去和徐铉见面，想必双方也能够辩驳一番，但是宋太祖有自己的考虑。南唐刚降，急需安抚和稳定，如果和他们有了舌战，很容易导致不稳定的因素，与其这样，还不如不争论呢，而这样也显示了宋的大度。宋太祖深谙兵法，自然懂得这个道理。

有的时候如果我们能够一反常规去做事，反而会因为足够灵活而取得意想不到的胜利。

据说，当年楚庄王在夺得了中原霸主地位之后，就开始过上了声色犬马的生活。有一天，他心爱的一匹马死了，楚庄王非常沮丧，他决定为自己的马发丧，并且还准备用很好的棺木埋它。对此大臣们都苦苦相劝，但是楚庄王一句都听不进去。就在这个时候，在殿门外传来了哭泣的声音，而且听起来非常悲伤。楚庄王很奇怪，问左右是谁在哭，原来是他身边的侍臣优孟。楚庄王很奇怪，就问他哭什么，优孟一边擦着脸上的泪水，一边说："堂堂楚国，何求不得？王所爱马，葬如大夫，薄也！请以人君礼葬之，雕玉为棺，文梓为椁，老弱负土，邻国陪泣。"优孟的话还没有说完，群臣脸上已经露出了笑容。楚庄王听完了他的话之后，心里沉思了很久，终于收回了成命。

优孟就是巧妙地将自己的想法隐含于热烈的赞颂之中，他这种运用反语的做法，让楚庄王感觉到了震惊，最终收回了成命。如果优孟采取的是强谏的方法，那么很有可能惹恼了楚庄王，最后导致一个悲惨的下场。

反其道而行之是一种非常好的解决问题的办法，但是我们一定要对主观和客观的因素都有一个准确的把握。

用变化的眼光去看待周围发生的变化，最终取得胜利和成功。如果一味守着规律，不懂得变通，那么很容易遭受到巨大的打击。

『装聋作哑』的艺术

漫漫人生路中，我们会遇到各种各样的人。其中有些人总是喜欢揪着别人的"尾巴"来嘲笑别人，面对这些人的时候，我们该怎么办呢？

我们应该主动地把他们对我们的嘲笑视为赞赏。因为嘲笑就好像一条狗，如果它不认识你，你从它身边经过的时候，它便会对你吠叫和追赶你。但是，它认识了你或者你回转头对着它的时候，狗便不再吠叫了，反而摇着尾巴，让你来抚摸。这就说明只要你主动地迎击嘲笑，到头来它反而会为你所融化、克服。

环顾四周我们会发现，其实生活里有许多看似荒唐的行为中都存在着巨大的商机。其实哪怕被全世界嘲笑，只要自己认准了，就一定要执着地坚持下去。也许，人生的第一桶金就出现在这一看似让人啼笑皆非的"荒唐"行为里。

受了伤，感觉到痛，我们就要学着转化，使受到的伤痛以另一种形式发挥应有的力量。别人伤害我们或许是无心，或许是有意，如果一个人故意伤害我们，那么只能说明他居心叵测，我们如果倒下了，那么正是我们的敌人所期待的反应。

在伤害我们的人面前，我们为什么要示弱，又怎么能示弱！他们之所以能够伤害我们，并不代表着我们能力的不足，可能是他们见缝插针，也可能是我们过于信任他们。只要找到问题的根源，反击并不难。

嘲笑我们的人，大都心无定力、朝三暮四，或者心怀叵测、妒贤嫉能。被这样的人嘲笑，我们应该一笑了之，这是最大的智慧。

一群青蛙在高塔下玩耍，其中一只青蛙建议："我们一起爬到塔尖上去玩玩吧。"众青蛙都很赞同，于是它们便呼朋唤友地相伴着往塔上爬。

爬着爬着，有只平时很聪明的青蛙说："我们这是干吗呢，又干渴又劳累，费劲爬它有什么用！"青蛙们都觉得它说的有理，于是一只青蛙停下来了，两只青蛙停下来了，五只、十只，慢慢地，几乎全数青蛙都停下来了。

只剩下一只最小的青蛙还在缓慢地坚持着。它不管众青蛙在下面怎样鼓鼓噪噪地嘲笑，小青蛙就是坚持不停地向着塔尖爬。

过了很长时间，它终于爬到了塔的最高处。这时，所有的青蛙都不再嘲笑它了，而是在内心暗暗佩服。

原来，小青蛙是一个聋子！它根本就听不见众青蛙的任何议论和嘲笑。

小青蛙想要大家一起去见识一下不曾见识过的景色，但是却遭到了非议。如果它真的能够听到其他青蛙的声音的话，那么它还能坚持一路走下去吗？这个时候我们或许该为小青蛙庆幸，幸好它是个聋子。仔细想想看，只有小青蛙看到了最美的风景，这对于其他的青蛙来说是一种什么感觉呢？

在生活当中，我们不妨偶尔"装聋作哑"，在他人用语言攻击我们的时候，我们装听不到就好，继续走自己的路。他们的几句话伤不到我们，而我们也没有义务为他人的伤害埋单。

如果困难挡住了我们前行的路，那么我们就偏不如它所愿，偏偏要迎难而上，当我们战胜这一切的时候，任何的痛苦都会被成功的喜悦所替代，任何的非议都会随风消逝，我们会站在成功的顶端俯视那些曾经伤害我们的人。我们的成功是对自己最好的证明，也是对伤害我们的人最有力的宣言。

人生不会一直阴雨连绵

　　谁不爱温室中优雅的百合？清新芬芳，美丽淡雅。但是每种花都有别样的美，有一首歌叫作《野百合也有春天》。我们的人生之路很漫长，正所谓"风水轮流转"，即便眼下的境遇不太好，但不可能一辈子都厄运缠身，再阴郁的人生也会遇到春天。

　　每天都有昼夜之分，没有永恒的白昼，自然也没有无尽的黑夜。我们之所以在困境中挣扎，觉得痛苦，是因为我们只看见了自己的黑夜和别人的白昼。而我们一马平川的时候，总是想不到厄运的降临。

　　布里奇是一个美国人，他的父亲是汽车推销商，家境还算不错。在一个良好的环境当中，他健康地成长，活泼开朗的他喜欢很多运动，也是长辈眼中的好孩子，老师眼中的好学生。在他长大后，他成为了一名士兵。他的成长之路没有阻碍，但有一天，厄运降临了。

　　在一次军事行动当中，他受委派驻守一个山头。战况很激烈，在双方对峙的时候，有一枚炸弹投入了他们的阵地。布里奇用最快的反应扑向了炸弹，想要将炸弹扔开。然而他终究不是时间的对手，在他扑向炸弹的那一刻，炸弹爆炸了，他受了重伤，失去了知觉。当他醒来后，整个世界都变了样子。

　　虽然他还看得见，但这也是很残酷的，因为他看到了自己残缺的身体——右腿和右手已经离开了他。他没有叫嚷，因为他失去了叫嚷的能力，他的喉咙被弹片穿透了。唯一值得庆幸的是，他活了下来，生命还在。

在多年之后，布里奇才告诉别人，当他面临死亡的威胁时，他反复地在心里告诉自己："如果你懂得苦难磨炼出坚韧，坚韧孕育出骨气，骨气萌发不懈的希望，那么苦难最终会给你带来幸福。"就是靠着这样的信念，他逃脱了死神的魔爪，并在之后振作了起来。

布里奇没有绝望，他虽然无法自由行动，但是他凭借自己的头脑和思想开始了新的人生——他进入了政界。从政后的他首先进入了州议会，之后竞选副州长，但并没有成功。对于普通人来说，这无疑是又一次沉重的打击，但他仍然坚信着春天会降临，开始学习驾驶。身体残缺的他靠着自己的毅力驾驶着特制的汽车，并以自身的经历展开了支持退伍军人的活动。

34 岁的大好年华，他成为了美国复员军人委员会的负责人，在历任负责人当中，他是最年轻的一个。当他从委员会负责人的岗位离开之后，他回到了家乡，没多久，就成为了他家乡州议会的部长。

布里奇的传奇故事激励了一代又一代的美国人，他以自己的经历告诉世人，没有永恒的灾难，也没有永远的伤痛，命运不会一直压制你，总有一天幸福会向你招手。布里奇虽然身体残缺，但是他的生活仍旧过得有滋有味，他可以坐着轮椅打篮球，这丝毫不影响他投篮的准确度。当上帝关上一扇门的时候，你还有一扇窗。

天气总是时好时坏，这是正常的，不过就算是连雨天，也有放晴的一天。虽然天气不够好的时候我们寸步难行，但是我们可以为晴天出游制订计划。人生不会一直阴雨连绵，我们应该时刻准备迎接生命的下一次挑战，人生的意义不正在于此吗？

淡然一点，看开一点，春天可以为我们带来活力，而人生的低谷则可以为我们带来勇气。厚积薄发是这个阶段我们应该做的事情。要相信，再阴郁的人生也会迎来万物更生的春天，当我们看到了未来，眼前的痛就只是一种考验，微不足道。

做自己的救世主

在现实生活中，我们常常见到这样的情境：有的人一旦觉得自己怀才不遇，或者遭受到爱情的打击，总是想快点一醉方休，试图让酒精迷倒自己的神经，次日醒来，却发现不得意的事实还在，痛苦依然存在心里。实际上，像这样借酒消愁只能将人的意志力消磨掉，而不会让自己富有激情地去面对明天。

其实，不管现实有多么不顺心，多么不如意，我们都要学会自我调适。只有这样，我们才能把自己从痛苦中救赎过来，才能彻底地解决所遇到的难题。曾经有人说过："一个人磨砺的次数越多，此人就越成熟、稳练。"确实如此，人生之路中的各种不愉快，都是对我们自身的一种心灵考验，否则，人生之路反而显得不完美。

我们可以从不同的角度审视自己，这样在我们伤心难过的时候，说不定我们会从另一个方向看到希望。只要我们给自己的心设置几个不同的频率，懂得调适，那么我们就能笑对得失，笑看人生。

爱丽斯遭到男友的抛弃之后，来请教一位大师指点，她对大师说："我心里很愤恨，他活得竟然还挺好的。"

大师问道："为什么你会如此愤恨他呢？"

爱丽斯回答道："当初，我和他在一起时，曾经立下过誓言，有一天，如果谁先背叛了对方，那么这个人在一年内一定会死于非命，可是，两年时间过去了，他却还健在，难道老天爷不公平吗？"

大师说："如果人间所有的誓言都会实现，那么，世界上就不会有任何人了。不是说老天爷没有眼睛，而是说你和他之间的爱情已然发生了变化，在智者的眼里，誓言就像一个泡沫一样瞬间就会消失。"

爱丽斯接着问道："大师，那我该怎么办呢？"

于是，这位大师就给她讲起了一则寓言故事。

"有这样一个人，养了一条非常名贵的金鱼。有一天，鱼缸不小心被打破了，这个时候，这个人面对着两种选择，一种选择是站在鱼缸前诅咒、怨恨，目睹金鱼失水而死；另一种选择是赶紧拿一个新鱼缸来救金鱼。如果换作是你，你该如何做呢？"

爱丽斯回答道："当然赶快拿鱼缸来救金鱼了。"

大师缓缓地说道："非常正确，你应该快点拿鱼缸来救你的金鱼，给它一点滋润，先将它救活，然后丢弃掉被打破的鱼缸。如果一个人放下了诅咒与怨恨，就能真正懂得爱是什么。"

爱丽斯听完以后，脸上带着微笑，欢喜地走了。

在实际生活中就是这样，如果不懂得进行自我调适，实质上就是自己故意和自己过不去。所以说，千万不可一遇到不如意的事情就计较个不停，一条道走到黑。反之，如果心胸豁达一些，性格开朗一些，就会让澎湃着的那颗心很快平静下来，从而让自己快乐起来。

记得听过这样一句话："你不会爱自己，谁会爱你呢？"最爱我们的永远是自己，别人如何对我们是他人的权利，世界如何对我们，我们无法预测，也无法决定。不要去管这些无法控制的，学会爱自己才是最重要的。况且我们的人生之路还很漫长，如果就这样被伤痛打倒，那我们的人生岂不是更悲哀？

学会做自己的天使，学会给自己希望，学会为自己疗伤，这样我们就能以无惧的大步走在人生路上，遍观人生路上的风风雨雨，看尽人生路上的各种繁华。

吃不到的葡萄是酸的

生活中没有人能够永远一帆风顺，各种不幸之事总会与我们不期而遇。此时，除了要学会发泄内心的痛苦之外，我们还要学会自我安慰，以此来消除内心的痛苦，实现心理平衡。

从前有一只狐狸，它听说前面的庄园中种植着大片的葡萄，于是准备到那里去尝尝鲜。呀，那一串串葡萄晶莹剔透，狐狸看得口水直流。但是，农庄主早有准备，将葡萄架搭得老高。狐狸实在是不甘心，就一直向上跳，然而葡萄架太高了，它累得筋疲力尽，还是够不着葡萄。唉，狐狸失望极了，但很快它就安慰自己说："这葡萄没有熟，肯定是酸的。"于是便笑着离开了。

《狐狸吃葡萄》的寓言故事众所周知，它讽刺了狐狸的虚伪，因为吃不到葡萄就自欺欺人。但是，这种"吃不到葡萄说葡萄酸"未尝不是一种调节心理、平衡心理的有效方法，在心理学上称之为"酸葡萄心理"。试想，如果这只狐狸不安慰自己说葡萄是酸的，估计它就会因吃不到葡萄而遭受痛苦了。

当我们在生活中遭遇困难和阻力时，何不学着做一只聪明的"狐狸"呢？

有人也许不以为然，认为自我安慰是自欺欺人，其实不然。关于狐狸吃葡萄还有另一个版本的故事。

狐狸看见葡萄园当中长满了紫色的葡萄，它想进入葡萄园，但栅栏之间的距离太小，无奈之下它为了吃到葡萄整整饿了三天。等它终于可以钻入园子吃葡萄的时候，它自然放开了肚皮吃。但是它饱餐过后却无法钻过栅栏离开了。就这样，为了出来它又饿了三天的肚子……

有时我们应该学会坚持，但有的时候我们更应该学会放弃。当我们觉得异常痛苦时，放弃不失为一种智慧。当面对求而不得的东西时，我们可以安慰安慰自己：我们的人生还很长，我们的未来还有机会。

来到人世走一遭，我们为的是体验人生，而不是被人生折磨。或许我们的路途艰险，我们无从选择，但是我们可以选择自己的态度。自我安慰是对负面情绪的一种抑制。最简单的就是半杯水的例子了：假如你的生命只有半杯水，你会怎样？这时，有的人会自暴自弃地说："我完了，我只有半杯水了。"然后开始诅咒这个世界，如此，他的内心便是痛苦的。但当我们微笑着告诉自己："呀，我还有半杯水呢！"那么，内心就会充满了乐观和积极，进而将痛苦降到最小。

同样一个人，面对同样一件事情，因为内心的想法不同，差别会很大。所以，在痛苦降临，而别人又帮不上忙的时候，我们与其沉溺在其中，不如学会安慰自己。

遗忘，是为了生活得更好

每个人都有同情者，但这并不代表着你可以依靠别人的同情过一生。任何伤痛都应该有淡化的一天。但是，如果你不愿意遗忘，总是向别人展示你的伤痛，到最终你身边的人也会对你冷漠。

我们之所以难以遗忘痛苦，是因为那之中有着我们的记忆，是我们人生当中很重要的经历，但这并不是我们的军功章，没有必要时时刻刻记在心中，还要跟他人炫耀，这只能徒增他人的反感。从我们自身来说，想要治疗伤痛最好的办法就是静养，之后选择遗忘，但如果我们时时刻刻提醒自己，那么痛苦也会时时刻刻折磨着我们，到最终我们甚至会忘掉所有的快乐，和我们本该保留的宝贵记忆。

从前有一个伤兵回到出生的村庄，他在战场上被敌人的子弹射伤，子弹已经取出。可是，他受到了很大打击，每遇到一个人，就要剥开伤口，给对方看他的伤。老乡们争着告诉他保养伤口的方法，劝他尽快疗伤，忘记战场上的不快，可是，伤兵仍然继续给别人看自己的伤口。

最终，伤兵的伤口感染，死在一个清晨。村民们怀着遗憾的心情埋葬他。山上的禅师听到这件事，对弟子们说："这个人会死，不是因为伤口，而是因为他不断伤害自己。"

总是重复一个动作，就会因习惯而产生麻木，但痛苦却不是如此，重复痛苦并不能缓解痛苦，只会让它一次一次深化。痛苦就像伤疤，重复一次就是重新感染一次。智者说出的话，总是一针见血，富有见地。饱经沧桑的人有两种，一种是风轻云淡，对过往的一切早已看透看破，不会刻意提起，就算提起，也不会再次沉溺下去，徒惹痛苦。这样的人爱护自己，知道灵魂既然已经受尽风吹雨淋，就为自己撑起一方安逸的天空，让那些伤痛如浮云一样飘走，只留得心中的安宁。

另一种人就像故事中的伤兵，他们唯恐别人不知道自己的伤口有多深，一定要让别人看到，以博得同情、安慰。但是，那些安慰的话语从别人嘴里说出来很轻松，从自己的耳朵进入心里却很难。一次次地经历伤痛，只能让伤口不断感染，让疼痛日渐加深。他们的天空一直笼罩着凄风苦雨，不是别人不肯同情，是他们不给自己喘息的机会。

生活中谁都会遇见痛苦，把痛苦说一次，就是重新经历一次，直到这痛苦成为枷锁，把心灵牢牢锁住；或者如滚雪球一样越来越大，把精神完全压垮。可是，重复痛苦究竟有什么益处？如果仅仅为了发泄，找不同的人，发泄相同的内容，日复一日地发泄，为什么不能使心中的抑郁有片刻的减少？不是因为痛苦不肯放过他们，而是因为他们自己不想放开痛苦。

每一颗心都会经历痛苦，把痛苦变作回忆，偶尔提起；变作动力，化悲愤为力量；变作经验，防止下一次失意，这些都是明智的做法。最怕的就是将它变成心中的毒瘤，阻碍其他正面情绪的成长，让心灵始终沉浸在阴影中，不见天日。每一份郁结的情绪都有解脱的可能，关键在于你愿不愿意。

聪明的人应该尽快告别痛苦，不论是找身边的人尽情倾诉，还是以忙碌的工作暂时麻木自己，或者干脆另起炉灶，开辟一个新局面。告别痛苦的方法并不少，最简单的一种是去做你认为快乐的事，例如马上去打你最爱玩的网游，马上去淘精品店的衣服，马上订一张机票，去你一直想去的地方走走。生命无常，大好时光不能用来痛苦，要尽量找一些让自己心情愉悦的事，这才是聪明的活法。

Part 5

心有多大，就能笑得多灿烂

有梦想的生活是多彩的，是奋发向上的，是经过不懈的努力而变成的现实。有梦想的人生不寂寥，无论什么环境下，只要有梦想，就不会迷失方向。有了梦想的指引，你就会不停前进，不断超越自己，它使我们在任何一个时刻都能看到自己对本身的盼望。

用梦做翅膀

一个人如果想要摆脱自己的生存困境，那么就需要有远大的梦想。很多事情只有敢于去想，才能够做到；如果连想都不敢想，那么自然就无法做到了。

古时候，人们希望人也能够像鸟儿一样在天空中飞翔，于是为了这个梦想，不知道有多少人为此而不懈地努力。在追求这个梦想的过程中，很多人付出了巨大的牺牲，甚至有些人还付出了生命。但是，人们没有放弃追求这个梦想，坚持不懈，最终在今天实现了这个梦想，飞上了蓝天。

在这些追求飞上蓝天梦想的人中，莱特兄弟就是非常突出的一对。他们在童年的时候就将邻居家丢弃的破车改装成了能够使用的人力运货车，由此可见他们的动手能力很强。在 1894 年的时候，他们自己开了一家自行车店，主要经营以及修理和改装自行车。而就在这个时候传来了德国人奥托·李林达尔试飞滑翔机成功的消息，这个消息鼓舞着兄弟二人，他们坚信人能够飞上蓝天，并且愿意为此而努力。可是两年之后，又传来了李林达尔因驾驶滑翔机失事身亡的消息，虽然这个噩耗让两个人受到了打击，但是他们还是坚持了自己的梦想。他们看到了飞机平衡操作的问题，为此他们仔细研究了鸟儿的飞行，他们将老鹰在空中飞翔的姿势一张一张全部画下来，然后才开始着手制作滑翔机。并且他们还学习了很多航空理论方面的知识。就在他们研究的这个阶段里，航空事业屡受打击：飞机技师皮尔机毁人亡，重机枪发明人马克沁试飞失败，航空学家兰利连机带人摔入水中等，但是这些都没能阻碍莱特兄弟前进的步伐。

1900 年 10 月，莱特兄弟终于成功制作了他们的第一架滑翔机，并且将其带到了离代顿很远的吉蒂霍克海边。这是个安静的地方，周围没有树木，也没有居民，而且这里的风非常大，所以比较适合滑翔机起飞，他们准备在这里进行滑翔飞行的试验。

1900 年至 1902 年整整两年时间里，莱特兄弟进行了将近 1000 次的滑翔机飞行试验，并且还自制了两百多个不同的机翼。他们还对李林达尔的一些错误数据进行了修正，从而设计出了较大升力的机翼截面形状。

1903 年，莱特兄弟制造出了第一架能够依靠自身动力进行载人飞行的"飞行者 1 号"，而在 12 月 14 日至 17 日的三天时间里，"飞行者 1 号"进行了四次试飞，第一次，总共飞行了 36 米，在空中停留了 12 秒；而到了第四次的时候，竟飞行了 260 米，在空中停留了将近一分钟，长达 59 秒。莱特兄弟成功了，人可以在蓝天上飞行了。

现在人要在蓝天中飞行已经是一件非常普通的事情了，但是当年那些为此而付出努力的人值得我们所有人尊敬，他们坚持了自己的理想，从而实现了理想。现在，这架具有特殊意义的"飞行者 1 号"陈列在美国华盛顿航空航天博物馆内。而莱特兄弟这对具有传奇色彩的名字，也被人们永久铭记。

莱特兄弟成功的一个很大因素就是他们懂得坚持，如果当年他们没有坚持下去，或者被一次次的失败所吓倒，那么他们就不可能实现飞上蓝天的梦想了。如果轻易放弃梦想，那么梦想就真的只是一个"梦"了。我们只有坚持到底，这样才能够告别平庸，才能够实现自己的成功之梦。很多人之所以平庸一生，就是因为没有坚持自己的梦想，或者轻易放弃了自己的梦想。

一位哲人说："你的梦想就是你的主人。"梦想其实就是人们内心深处的一种渴望，是取得成功的原动力，能够激发一个人所有的潜能。梦想不是一种理性的计算，而是一种情绪状态，这种情绪状态需要我们的热情，而这种热情能够为我们创造出无限的奇迹。

一个人不能没有梦想，如果一件事情我们想都不敢想，那么我们怎么可能敢于去做呢？而不会做自然就没有了成就。所以梦想对于一个人来说非常重要，而有了梦想，坚持下去的动力也是非常重要的。

人和人之间的差别并不是很大，但是这些细小的差别最终却造成了截然不同的结果。其实那些最终失败的人都是自己放弃了成功的希望，他们并不是被别人打败的。他们总是活在过去的失败中，而看不到前面的理想，所以他们无法取得成功。

美国著名发明家爱迪生是一个发明狂人，他始终坚持着自己的理想。他在二十多岁的时候就开始研究电灯，在接下来的十多年时间里，他先后用竹棉、石墨、钽……上千种不同的物质作为灯丝，以此进行试验。而他在工作的时候经常是通宵达旦，最终功夫不负有心人，他在用钨丝做灯丝的时候取得了成功。

爱迪生之所以能够成功，和他的坚持梦想是分不开的。人们在坚持梦想的过程中，可能会摔倒很多次，但是只要能够有勇气站起来，那么就能够最终获得成功。

哲人说："没有比梦想更能实现未来的了，今天先有个骨架，明天便可以加上肉及血。"人就是因为有梦想而变得伟大，而同样因为没有梦想而变得渺小，这其实就是一个成功者和失败者最大的区别。我们要想取得成功，首先要有梦想，然后坚持下去。

梦想是一个人成功的前提，所以我们要做一个有梦想的人，要坚持走下去。

希望是一朵娇艳的玫瑰

生活就像一块七色板，不同的颜色寓意着不同的味道，有成功的喜悦，追梦的艰辛，挫折的痛苦，孤独的寂寥，拥有的幸福……它们构成了五彩斑斓的生活，但在这种种心情的背后，都有着一个共同的基调，那就是希望。

青春需要绽放，只有将青春绘制得五彩斑斓，人生这块画布才会有最绚丽的图画。虽然青春不是人生唯一的阶段，但不可否认它是最美好的时光，也正是因为这样，才会有人悼念。与其在未来的日子里追悼逝去的青春，还不如在青春时奋力拼搏。即便青春带给我们各种磨难，我们也要心存绿洲，跟随着希望的光冲破混沌，冲向未来。

刚刚到澳大利亚读书的时候，她为了减轻家里的经济负担，空闲的时候总是骑着一辆旧自行车去找工作。服务生、洗碗工、送报纸，她都做过。

某日，在给人送报纸时，她无意中看到报纸上刊登了澳大利亚某电信公司的招聘启事。起初，她心里有很多顾虑，自己的英语说得不够地道，专业也不太对口……尽管如此，经过一番思想斗争的她还是决定试一试，她应聘了线路监控员的职位。一轮又一轮的面试之后，她离那个年薪三万的职位越来越近了，可这时候招聘的主管却给她出了一个"尖锐"的难题——"你有车吗？你会开车吗？"

原来，这份工作需要经常外出，没有车简直寸步难行。在澳大利亚，公民普遍都拥有私家车，没有车的人非常少，这看似平常的事情，对于她这个初来乍到的留学生而言，显然是无法实现的。可为了争取那份极具诱惑力的工作，她不假思索地回答："有！会！"

招聘主管说："好。那么，下个月开着你的车来上班。"

一个月，买一辆车，开车上班？谈何容易。为了生存，她豁出去了。先是找朋友借了钱，从旧货市场买了一辆外表丑陋的小汽车，然后她开始抓紧时间考驾照和练车。一个月后，她竟然驾车去公司报到了……时至今日，她已经成了那家电信公司的业务主管。

希望就如同一条线，它牵拉出人们的勇气、智慧，最终牵引着人们走出困境。我们还年轻，或许并没有经历过人生的大起大落，所以做不到大彻大悟，在追梦的途中遇到困难的时候，难免会手足无措。这个时候我们要做的就是给自己一线希望，当我们冷静了，头脑清晰了，前面的道路也就明了了。

有人说，希望就像一朵娇艳的玫瑰，芬芳是淡淡的，但寓意着祝福，弥漫在我们的生活中；有人说，希望就像一本厚厚的书，在时光的推移中让我们不断地翻阅。每个人的心里都该留一份希望，是麦穗，就该有金色的梦想；是种子，就该有绿色的希望。有所期待的人生，才不会黯淡无光；守住心中的希望，生活才会变得更美。

我们或许有很多不切实际的梦想，或许没有具体目标，但这都没有关系，只要我们在心中保留一点小小的希望，那么明天就是有目标的，是阳光明媚的一天。无论眼前是怎样的荒凉，我们的心中都会是澄明之境。

不去的坎儿
人生没有过

　　平凡的人生，如何让自己变得不平凡？那就是为梦想而拼搏。每个人都有自己的梦，那为何不去拼搏，不去努力呢？每个梦想都会遇到阻碍，难道就该放弃吗？学着为梦想付出吧，无论你的生活多么烦琐，处境多么艰辛，绝对不要放弃梦想！

　　梦想是深藏在人们心灵深处最强烈的渴望，它像一粒种子，种在"心"的土壤里，尽管它很小，却可以生根开花。善待自己的梦想，坚持自己的梦想，这样即便不用脂粉来涂抹自己，也会散发出独特的魅力来。

　　一字排开都是梦，一路行走都是景，一心收容都是情，一身经历都是痛。梦想是甜蜜的，是多姿的，也是艰难的。有梦的人生是可贵的，梦想的可贵不在于梦想本身多么绚丽，而在于你为实现梦想付出过多少，经历了什么。疲倦了不要懈怠了心情，困乏了不要虚度了岁月。待苦涩褪尽，必有芳香萦绕心间。

　　特莱艾·特伦恩特 1965 年生于津巴布韦，她只上了一年小学便不得不辍学回家干活，供哥哥上学。特莱艾有一个梦想，就是接受教育。每天哥哥放学后，她就迫不及待地翻看哥哥的课本，帮助哥哥做功课。小学老师知情后，恳求特莱艾的父亲让她回校，然而她父亲不为所动，并在特莱艾 11 岁时将她嫁了出去。

　　一晃十几年，特莱艾已经是五个孩子的母亲，年过三十依然贫困，更糟糕的是她的丈夫是一位艾滋病患者，常常毒打她。但是，特莱艾并没有放弃受教育的渴望。

　　正在此时，一个国际援助组织的志愿者团队路过特莱艾居住的村庄，特莱艾向带队的一位志愿者乔·拉克道出了自己的梦想。有幸，乔·拉克女士并没有笑看特莱艾这"荒谬透顶"的梦想，而是说了一句激励人生的话——只要你有梦想，你就能实现。

　　千里之行始于足下，特莱艾从为国际援助组织工作开始，攒下工资攻读函授课程，从小学课程一直补到高中，并被美国俄克拉荷马州立大学录取进本科学习。之后，她在持续的贫穷和疲累等种种困难中完成学业，直到2009年在美国西密执安大学获得哲学博士学位，现在她是国际援助组织的项目评估专家。

　　自幼辍学，操劳家务；年幼嫁人，生活贫困；忍受着身患艾滋病丈夫的家庭暴力，可想而知特莱艾还能有多少人生追求、人生梦想和学业成就？可就在这种困境下，特莱艾始终铭记自己的梦想，没有放弃受教育的渴望，并且为之奋斗。最终，她的命运得到了转机，生活掀开了新篇章。

　　世间最容易的事是坚持，最难的也是坚持。说它容易，是因为只要心中有信念，每个人都可以做到；说它难，是因为能够真正坚持下来，能够给梦想足够时间的人，太少。相信，每个人心中都有自己的梦想和追求，比如开一间属于自己的咖啡厅，完成一次充实生命的环球之旅，资助一名失学儿童直至中学毕业。不管这个梦想是什么，都需要以一种执着的心态去追求。

　　寻梦是一次长跑，一路高歌，一路欢笑，一路挥汗如雨，一路拼搏骄傲。是否能成功，已不重要，重要的是这一路不辞辛苦，为梦想而战，为年华而战，为人生而战！把最美的时光毫无保留地奉献出来，不经意间就领略了一路的风景，那波澜壮阔的梦想，已然彼岸花开。

失败只是人生的一个插曲

希望的力量足够伟大，即便你现在一无所有，只要你拥有希望，那么相信有一天你会拥有很多，甚至是拥有一切，正如一句话所说："心若在，梦就在。"

英国有一位叫希拉斯·菲尔德的先生，他在退休的时候已经积攒了一笔积蓄，这笔钱足以让他安享晚年了。但是他却有了一个奇特的想法，他想在大西洋的海底铺设一条连接欧洲和美国的电缆，而这个倔强的老头一旦决定了之后就开始付诸行动。他面对的前期工作就是先从纽约到纽芬兰圣约翰长达1000英里的电报线路，而且还要建造一条同样长的公路，另外他还要铺设穿越布雷顿角全岛共440英里长的线路，再加上铺设跨越圣劳伦斯海峡的电缆，这个工程看起来非常浩大。

但是面对这样的工程，希拉斯·菲尔德并没有放弃，他努力奔走，最终在英国政府那里得到了一些资助，他的想法在议会中遭到了一些强有力的反对，此方案危险地以一票的优势通过了决议。之后他的工作就开始了，他先是将电缆的一头搁在停泊于塞巴斯托波尔港的英国旗舰"阿伽门农"号上，而另一头则在美国海军建造的豪华护卫舰"尼亚加拉"号上，但是仅仅铺设了五英里电缆就被弄断了。

巨大的打击并没有击垮希拉斯·菲尔德的信念，因为他有自己的梦想。于是，他开始了第二次试验，而在铺设好200英里的时候，电流却中断了，人们都在甲板上焦急地等待着，就在希拉斯·菲尔德准备放弃的时候，电流却奇迹般地恢复了。在晚上的时候，轮船以每小时四英里的速度在行进，半夜轮船出现了严重的倾斜，制动机器紧急制动，于是电缆又被弄断了。但是希拉斯·菲尔德还是坚持着，他并不是一个遇到挫折就放弃的人，他重新订购了700英里的电缆，同时还请来了一些专家，希望他们能够设计出更好的机器来，从而帮助他完成这次壮举。之后英国两位天才的发明家也加入进来。最终两艘轮船在大西洋上会合了，而电缆也接上了头；之后两艘轮船继续航行，一个往爱尔兰，另一个往纽芬兰，在之后的过程中又多次出现了失败，最后两艘轮船都不得不返回到了爱尔兰海岸。

当遇到这种情况之后，很多人都会泄气。同样和希拉斯·菲尔德一起参与的人都感觉很沮丧，他们很多人都准备放弃了。而当时的公众舆论也给了他们很大的压力，投资者同样失去了信心。但是希拉斯·菲尔德还是相信这项任务可以完成，同时他以坚强的毅力和精神感染着大家，使得这个项目没有停止。希拉斯·菲尔德不甘心失败，之后他更加努力，终于使这项任务走向了成功，电缆最终全线铺设完成。消息马上可以通过海底的电缆传输了，但是谁知道此时电流又一次中断。此时所有的人又一次陷入绝望中，这一次的打击让他们已经无力再站起来了。但是希拉斯·菲尔德始终坚持着，最终他们又找到了一些投资人，买来了质量更好的电缆，然后又一次开始了尝试。这次执行任务的是"大东方"号，刚开始也是一切顺利，但是最后在铺设横跨纽芬兰600英里电缆线路时，电缆还是折断了。虽然他们想要打捞，但是没有成功，最终他们将这个任务搁置了下来，而一搁置就是一年时间。

面对这样的失败，倔强的希拉斯·菲尔德还是没有放弃，在此之后他重新组建了一个公司，并且制造出了一种性能非常优越的新型电缆。在1866年7月13日，希拉斯·菲尔德重新开始尝试，这一次电缆终于顺利地接通了，并且正式发出了第一份横跨大西洋的电报，这份具有划时代意义的电报是这样写的："7月27日，我们晚上九点到达目的地。一切顺利。感谢上帝！电缆都铺好了，运行完全正常。希拉斯·菲尔德。"后来他们又打捞起了那条之前掉落海底的电缆，将其也重新接好。直到现在这两条电缆还在使用，而且将会继续发挥它们的作用。

通过希拉斯·菲尔德的故事我们可以看到，只要心存梦想，那么就能够让成功离你越来越近。乐观地坚持下去，成功就在向我们招手。

一个有理想的人，只要他的进取心还在，那么他的理想终究会实现。就算是他在某一个时间阶段处于人生的低谷中，就算他的前途现在看起来黯淡无光……但是只要自己还有理想，还心存希望，那么就能够走向成功。

人生路上遇到挫折再正常不过了，但是在经历了风雨之后，就会看到美丽的彩虹。我们在任何时候都要保持一份乐观的心态，朝着自己的理想前进。失败只不过是生活中的一个小插曲，挫折只是人生的一个阶段，如果我们能够坚持自己的梦想，那么就能够拥抱明天的阳光。

梦想是用来实现的

　　梦想，是一种无坚不摧的力量，它能给予我们追逐的勇气，给予我们披荆斩棘的信心和能量。我们在离开校园的时候，都是怀揣着梦想走入社会的，希望能够通过时间的磨炼成就自己的梦想。

　　梦想需要时间来造就，但只有时间是远远不够的，还需要我们的坚持和努力。这是一个追逐的过程，在这个过程当中，梦想之光会逐渐照进现实当中。但是，如果我们只有口头表现的话，那么梦想不会到来，它永远都只会留在我们的脑海里，供我们仰望。

　　我们的未来怎样，现在看不到，但是随着我们前行的步伐，最终一定会看见。路是走出来的，唯有前行的步伐，才能助我们登上梦想的顶峰。人生没有等出来的辉煌，时间只给了我们努力的空间，并没有给予我们一步登天的能力。所以，该付出的时候还是应该付出。

　　我们都有思想，但不能只有思想，做思想上的巨人、行动上的矮子，是没有用处的。现在畏惧艰辛不肯努力，那么未来的我们就没有资格抱怨。

　　一位寓言家曾经说过这样一句话："现实是此岸，理想是彼岸，中间隔着湍急的河流，行动则是架在河上的桥梁。"估计我们都不甘于只是遥望彼岸吧？谁不想置身于对岸的景色当中呢？想法是一个美好的开始，有了想法，那么就开始行动吧。

从前，有一个一贫如洗的人，在他小的时候，家境也算良好，有吃有穿，有房子住，他也有学上。

曾经的他也曾有一个梦想，就是要成为一个成功的商人，但是他的梦想就真的只像一场梦一般。他每天都和周围的人说自己的梦想，却从来没有想过制订计划，要从什么方向努力。渐渐地，他身边的人厌烦了他的唠叨，只要提到梦想，人们都离他远远的。

他认为别人鄙视了他的梦想，而不知从自己身上找原因。随着成长，他身边的人一个个功成名就，而他只会整天妄想，好吃懒做。最终败光了家业，只得抱着所谓的"梦想"去流浪。他每天都在想，如果可以中个大奖就好了，这样自己就能立刻改变现状，实现自己的梦想了。他每天都这么想，甚至到教堂去祈祷。

终于有一天，神明显灵了，神明用非常鄙夷的声音对他说："你每天都祈祷幸运之神降临，祈祷彩票中奖，但你是否应该先拥有一张彩票呢?"

神明的话一语中的，不确定的未来并不属于我们，所以也由不得我们"透支"。确实，追梦是一个艰辛的旅程，中间少不了各种艰难险阻，但是等待并不能解决问题，反而有可能让困难滋生起来，最终成为我们逾越不了的高山，只能背负着梦想叹息。

都说心动不如行动，有了梦想就应该让它实现，就算再凌乱，只要迈出一步，那么之后的路就会越来越明朗。记住，未来的辉煌只有我们的双手可以创造，时间无能为力。等待，只能让岁月带着我们老去，而行动，则会让岁月鲜活起来。

与最好的自己相遇

在梦想面前，交付出自己的勇气和魄力并不是最难的，最难的是坚持和等待。梦想的实现是需要时间的，追梦是一段很长的旅途，或许比我们的青春还要久。不要在生活当中丢掉梦想，不要催促命运的安排，只有为生活留下充足的时间，梦想才可以实现。

不要焦急，我们还年轻，淡定一些，不要被时间追着跑，我们还有时间，只要追随着自己的内心，在时间的跑道上不抱怨，不放弃，那么最终一定能够走到心中的目的地，与最好的自己相遇。

1987 年，她 14 岁，辍学后在湖南益阳的一个小镇卖茶，一毛钱一杯。她人小，摊位小，可她的茶杯却比别人的大一号，每只杯子上盖一块能够遮挡灰尘的小玻璃片，茶水可以免费续杯。她的茶卖得最快，那时，她总是快乐地忙碌着。

1990 年，她 17 岁，多数同行嫌卖茶不赚钱而改行，可她却把卖茶的摊点搬到了益阳城里，改卖当地传统的风味"擂茶"。擂茶制作很麻烦，但也卖得上价钱。那时，她配制出许多不同口味的擂茶，让每碗茶都有独特的风味。很快，她的生意就红火起来。

1993 年，她 20 岁，这时的她仍在卖茶，只是她不再摆摊点，而是在省城长沙有了一间自己的小店面。店中央摆着根雕茶几，每有客人进门，她都耐心地泡上茶请人免费品尝。慢慢地，她的小店吸引了许多客人和茶商，而她也培养了一批品茶人。后来，经过朋友的介绍，她开始在其他城市开茶庄分店，并且还延续同样的经营模式，请人免费品茶，培养品茶人，然后茶叶一包一包地卖出去。

1997 年，她 24 岁，在茶叶与茶水间滚打了整整十年。这时，她已经拥有 37 家茶庄，遍布于长沙、西安、深圳、上海等地。福建安溪、浙江杭州的茶商们一提起她的名字，莫不竖起大拇指。

2003 年，她 30 岁，她最大的梦想实现了。"在本来习惯于喝咖啡的地方，也有洋溢着茶叶清香的茶庄出现，那就是我开的……"说这句话时，她已经把茶庄开到了中国香港和新加坡。

她，就是茶商孟乔波。

她曾经说自己只是个卖茶的，也永远是卖茶的，她会一条路走到底。这是一种坚持，更是一种耐心。梦想人人都有，但是坚持到底的能有几个，只能说冷暖自知。

《老男孩》勾起了一代人的回忆，也引得很多人落泪，既为这个追梦的故事而感动，也为了自己曾经放弃的梦想。歌中唱着"生活像一把无情刻刀，改变了我们模样，未曾绽放就要枯萎吗？我有过梦想"。很多人为此落泪，因为想起了自己曾经的青涩，想起了曾经的梦想，但那也不过是枉然。

梦想的实现需要时间，更需要坚持，只存在于脑海当中的梦想永远都只能是梦想，没有现实支撑的梦想终会破灭。给时光一些空间，淡然一些吧，追梦的旅途注定会很漫长，抛却周遭的喧嚣，抛却心中的浮躁，安然前行，到达梦想之巅。

为了生命而奔跑

"自强不息，厚德载物"，这是清华大学的校训。清华大学的这句校训来源于《周易》，在其中有这样两句话："天行健，君子以自强不息"（乾卦）；"地势坤，君子以厚德载物"（坤卦）。君子能够像天宇一样不断运行，就算现在的生活颠沛流离，也绝不屈服于此。我们在待人处世的时候需要像大地一样，能够承载所有的东西。清华大学的这个校训展现了中国传统的自强不息的精神和人生态度，算得上是最为优秀的校训了。

在安溪县有一家盲人按摩中心，是一对三十多岁的盲人夫妻开的，男的名字叫李建成，妻子的名字叫陈秀冬。他们虽然是一对非常普通的夫妻，但是他们却有着非常感人的一段自强不息的经历。

在 1992 年，双目失明的李建成在安溪县残联的帮助下和拥有同样命运的陈秀冬见面了，他们一起到陕西省宝鸡市一所中专学校中学习按摩技术。两个异乡来的孩子有着相同的命运，所以他们同病相怜，在学习上相互帮助，在生活上也相互照顾，慢慢地两颗心越来越近了。

经过认真和刻苦的学习过程，毕业之后的李建成和陈秀冬一起在福州、泉州、晋江等地的盲人按摩中心打工。因为他们吃苦耐劳，慢慢地有了一点积蓄，在 2000 年的时候他们共同创办了"安溪县盲人按摩中心"。他们两人的技术非常好，而且服务态度非常好，所以他们按摩中心的生意非常好，全国各地的客人甚至新加坡、马来西亚等地的华侨也都慕名前来。

而在当年他们也迈进了婚姻的殿堂，在生活中夫妻二人是相敬如宾；在事业上他们二人也是齐心协力。在他们最初创办盲人按摩中心的时候，最大的问题就是资金的问题。几年后他们两人因为经营妥当，慢慢有了一定的积蓄。

在取得了一定的成功之后，夫妻二人对同是盲人的兄弟姐妹们也给予了一定的照顾，凡是找上门来的，他们都会给予帮助。现在他们的按摩中心总共雇用着六位盲人兄弟姐妹，除了每个月给他们工资之外，他们还提供了免费的食宿，甚至还会将他们这些年总结的一些经验和教训都无偿地教给他们。

在他们的按摩中心里，先后出了好几位走上按摩推拿自强之路的盲人。比如有一位吴某，他在 2000 年的时候跟随李建成学习按摩技术，三年之后自己在厦门也开设了一家盲人按摩中心，现在他的事业也非常旺盛；还有一位刘某，在 2003 年开始学习推拿按摩技术，现在在厦门的另一家按摩中心工作，有着一份非常稳定的工作……李建成夫妻总是在说，他们最大的心愿就是让所有的盲人兄弟姐妹都拥有谋生的本领，都能够过上美好的生活。

李建成夫妻还自己编写了几句诗，一直鼓励自己，也鼓励所有的盲人朋友："双盲夫妻打天下，自己创造一个家，希望大家来相助，永远站着不倒塌。"

李建成夫妻正是凭借着自己的自强不息最终取得了成功，虽然他们身体上有残疾，但是他们没有抱怨，更没有放弃，而是凭借着一腔热血开始艰苦奋斗。他们自强不息的事迹说明了：只要自己肯做，就能够取得成功。

自强不息包含的内容很多，不仅包含在挫折面前表现出的努力和拼搏，还包含一种乐观、积极向上的态度。我们需要将这种精神付之于行动中，需要一种脚踏实地的做事风格。

如果我们是拥有天赋的人，那么自强不息就能够在更大程度上帮助我们；如果我们在天赋方面有所欠缺，那么同样我们会因为自强不息而取得一定的成功。我们的命运掌握在我们自己勤勤恳恳的态度中，推动世界进步的并不是那些严格意义上的天才，反而是那些自强不息的普通人。

一个人就算是天赋异禀，但是，如果他没有自强不息的精神，不能够做到有毅力和有恒心，那么他们最终会被打败。

所以，如果你想要改变自己的命运，想要摆脱平庸的生活，最终实现自己的理想，就需要做到自强不息，就需要不断拼搏奋斗，只有这样才能够实现理想，造就非凡的人生。

锲而不舍，自强不息，是意志力的表现，同时也是一种高超的智慧。你能够坚持自强不息，能够懂得这种精神的可贵之处，那么你的生命就会创造奇迹。

Part 6

种子，只有经过掩埋
才有生机

竹子用了 4 年的时间，仅仅长了 3cm，自第
五年开始，以每天约 30cm 的速度疯狂生长，仅
仅用了六周的时间就长到了约 15 米。也许你努力
了很久，却一直没有成果。别着急，因为你正在
深深地扎根。一个人的成就绝不是一蹴而就的，
只有慢慢去经历，日积月累地积蓄力量，才能够
在一瞬间爆发，"绳锯木断，水滴石穿"。

人生需要忍耐和等待

时光飞逝，人们总会感到焦躁，但有时，等待是必需的。从母亲孕育我们开始，我们就在等待，等待见到世界的这一刻；降生后，我们在等待成长；成熟后我们等待爱情；和爱人携手后，我们又会等待新生命的降生，继而等待新生命的成长……周而复始，等待是生命当中不可或缺的存在。

不知是谁说过这样的一句话："人生总是充满了无数的等待，有的人在等待中枯萎，有的人在等待中绽放。"在南美洲一个海拔四千多米、人烟稀少的地方，生长着一种普雅花，花开之时美丽到极致。这种花的花期只有短短两个月，而且百年才能开一次花。然而它总是静静伫立在高原之上，任凭雨打风吹，等待着100年后生命绽放时的惊天一刻，等待着攀登者的眼前一亮！

从前有一个男孩，他在树下等着心爱女孩的到来，他要对女孩表白，和女孩在一起。但是男孩心中忐忑不安，看着时针不停地走，他的心开始焦躁起来。他想："难道女孩想要拒绝我，所以不来吗？还是有什么其他的事情呢？如果她不来，我一直等岂不是很没面子，是不是应该先走？"

乱七八糟的想法汇集在他的心中，让他非常烦闷，异常烦躁。到后来他甚至觉得女孩不尊重自己。这时一位老者路过，询问事情的缘由，男孩抱怨了一通，然后皱着眉说："如果能够直接知道结果就好了。"

老者听后给了他一块手表，告诉他："这块手表有着神奇的魔力，你可以将它的时间向后调，这样你就可以不用等待，直接知道结果。"男孩听后非常开心，毫不犹豫地将手表调到了两个小时后。他发现，两个小时后这个女孩已经成为了他的女友。但是小伙子还不知足，继续调，到了他们结婚的那天。男孩非常开心，同时也好奇起自己未来的生活，于是他再次拨动了时针……

他看到了自己的儿子，看到了儿子的成长，也看到了自己的孙子。虽然这一切都让他非常满意，但是他发现曾经美丽的她衰老了，后来她去世了。难过的男孩想要逃避这个事实，但是时针无法回拨，他只能向前拨动。这一次轮到他躺在病床上，疾病缠身，异常痛苦。他后悔了，他的人生如此短暂，他什么都没有感受到就要走到尽头，他不甘心，但是此时的时针只能拨向死亡了……

正在男孩绝望的时候，表针又转动了，这次是反方向的，当男孩睁开眼的时候，他发现他就在等待女孩的那棵树下，一切就像一场梦一样，他心爱的女孩正微笑着向他走来……

在急功近利的年纪里，我们总会躁动不安，希冀凡事一步到位，其实，任何事情都急不得。没有人是一夜长大的，也没有人可以一步登天。再远的路途，都得一步一步地走下去，才能抵达终点。等待的过程有点漫长，或许还有点艰辛，而等待的结果却是未知，就像是在不知尽头的时间跑道上长跑，但我们每天都免不了要经历等待，永远也离不开这一条轨道。面对这一切，就需要一颗沉静的心，我们的幸福并不一定只有结局，还有等待的过程。

人生的真谛是等待。在等待这条跑道上，每个起点都是一个新目标的开始，也是一个终点的完结。等待的过程，本身就充满着不可言喻的内涵。尽管每个人的等待方式和目的不一样，但等待的情怀是一致的，而我们正是在一次次的等待中，度过了生命的每一天。或许，梦想会在等待中实现，即便它有了偏离，仍然可以寄予下一次的等待。青春当中不可或缺的是梦想，在实现的过程当中，必不可少的是淡然。不要急着寻找幸福，沉下心来享受生活，慢慢等待，总有一天它会向我们走来。

　　谁都不知道明天到底会发生什么，谁也都不知道明天的自己到底是什么样子。但是，今天我们可以选择，我们可以坚持去做认为对的事情，那么我们的明天就掌握在我们自己的手中。

　　不管路有多长，都需要一步一个脚印地去走；即使路再短，如果不迈开双腿，那么终究无法走完。成功的道理也是一样，成功很看重坚持，如果想要取得成功，就需要不断坚持下去，需要不懈地努力。很多人的成功都是经历了很长时间的痛苦以及很多次失败之后得来的。"失败乃成功之母"，最终的成功其实是对之前失败的奖励，同时也是对坚持者的奖赏。古往今来的很多成功者都是凭借这种坚持而最终取得成功的。

　　东晋大书法家王羲之被后人称为"书圣"，他有一个儿子叫王献之。王献之是他的第七个儿子，天资聪颖，也非常好学，在七八岁的时候就跟随着父亲学习书法。有一次，王羲之看到王献之正在聚精会神地练习书法，于是悄悄走到他的身后，然后猛地去抽王献之手中的毛笔，但是王献之握笔很牢，笔并没有被父亲抽掉。王羲之对此很高兴，他连连赞赏道："好好练习，以后必成大器。"

　　王羲之还曾经对王献之说："你只有将院子里那18口缸中的水写完，才能够让字显得有筋有骨、有血有肉，直立稳健。"最初王献之对父亲的要求颇不以为然，但是他还是继续勤奋练习。他坚持写完了三口大缸中的水，自认为在书法方面已经小有成就了，于是他将自己认为满意的字拿给父亲看。谁知道王羲之对这些字只是摇摇头，不作任何的肯定。直到最后看到一个"大"字的时候，王羲之才露出了较为满意的神情，然后在这个字的下面点了一个点。王献之又将自己的字拿给母亲看，母亲认真看完所有的字，然后对他说："吾儿磨尽三缸水，唯有一点似羲之。"这个时候王献之才知道自己和父亲之间的差距，于是他更加认真地练习书法，最终他真的写完了18口大缸中的水，自此他的书法也有所成就了，和父亲一起被称之为"二王"。

王献之凭借着坚持不懈的精神，终于赢得了和父亲齐名的声誉。陶渊明也曾经说过："勤学似春起之苗，不见其增，日有所长；辍学如磨刀之石，不见其损，日有所亏。"正是此理。

其实任何圣贤的学问都不是一天两天成就的，他们中的很多人当白天的时间不够用的时候，就会在夜晚继续学习。他们这样日积月累地学习，最终有了一番作为。古人云："圣贤之学，固非一日之具，日不足，继之以夜，积之岁月，自然可成。"

世界上的很多事情都犹如在逆水中行舟——不进则退。凡是有所成就的人，都是因为他们能够坚持不懈，能够不断追求自己的理想。如果有一点点成就就变得沾沾自喜，就感觉自己比别人高一等，这样的人迟早有一天会因为自己的小聪明而栽跟头的。

坚持不懈、持之以恒，那么终究有一天能够"滴水穿石"。相反，如果做事情经常半途而废，任何问题都是浅尝辄止，这种心态只能够让人止步不前，最终也不会取得任何的进步和发展。功到自然成，在成功的路上遇到困难非常正常，我们需要不断去克服这些问题，最终成功就会出现。

柔软的水最终能够穿透石头，就是因为水能够做到坚持不懈。人们追求成功也会经历一个非常长的寻求光明的过程，勇敢者拥有坚定的气魄，能够自信地走下去；但是懦弱的人却会因为种种原因而选择放弃，终究无法看到光明。很多时候，你只需再付出多一点点的努力，就会惊喜地发现，其实你的周围到处都是绚丽的花朵。

每天进步一点点

　　无论做什么事情都要有一个循序渐进的过程，质变的飞跃离不开量变的累积。成长与成功一样，是一个无比漫长的过程，往往不仅仅在于个人能力的高低，更在于耐心和坚持。那些成长最迅速的人，往往坚持每天进步一点点——今天比昨天进步一点点，明天比今天进步一点点。

　　每天进步一点点，听起来好像没有冲天的气魄，没有诱人的硕果，没有轰动的声势，可今天进步一点点，明天再进步一点点，持之以恒，坚持不懈，积少成多，其"水滴石穿"的力量不能小觑。

　　在美国颇负盛名，被称为"传奇教练"的篮球教练约翰·伍登，就是坚持以"每天进步一点点"这个执教之道，培养了队员们积极向上的精神面貌，从而实现了从平庸到卓越的完美蜕变。

　　加州大学洛杉矶分校以年薪 120 万美金聘请了伍登，他们希望伍登能够通过高明的训练方法，帮助队员们提升战绩。但是，伍登来到球队之后，却没有什么独特的训练方法，而是对 12 个球员这样说道——我的训练方法和上任教练一样，但是我只有一个要求，你们可不可以每天罚篮进步一点点，传球进步一点点，抢断进步一点点，抢篮板进步一点点，远投进步一点点，每个方面都能进步一点点？只要进步一点点，我就会为你们鼓掌。球员们一听："才 1%，太容易了!"

　　天啊！这是什么训练方法，负责人在心里偷偷捏了一把汗。不过，很快他就改变了自己的态度，他不得不佩服起伍登来。因为在新季度的比赛中，加州大学洛杉矶分校大败其他球队，取得了夸张的88场连胜，七次蝉联全国总冠军。

有记者采访伍登时，问道："伍登教练，你被大家公认为有史以来最称职的篮球教练之一。请问，你是如何做到的？"

"很简单，"伍登很愉快地回答，"每天我在睡觉以前，都会提起精神告诉自己：我今天的表现非常好，而且明天的表现会更好。这样不断地对自己进行肯定，自然就能越做越好。我想，队员们和我一样。"

"就这么简单吗？"记者有些不敢相信。

伍登坚定地回答："听起来很简单，但是又不简单。要知道，这句话我可是坚持了20年之久！重点和简短与否没关系，关键是在于你有没有持续去做，如果无法持之以恒，就算是长篇大论也没有帮助。"

每天进步一点点，让伍登带领自己的球队取得了一次次的胜利。同样，面对工作和生活中的种种挑战，我们都不要奢望能一步登天，而应该牢记"每天进步1%"的理念，每天问问自己："今天，我又学到了什么？""今天有没有进步和提高？""今天哪里可以做得更好？"……坚持踏踏实实地前进，坚持每天都学习，每天都进步，那么日积月累之后的效果将是惊人的。

克林斯曼是德国足球队的主力前锋，他是一直深受广大观众喜欢的球星之一，被称为"金色轰炸机"。当记者采访他如何能够保持状态并一直取得成功时，他很感慨地说："我不是天赋异禀的球员，论天赋，我不如马拉多纳；论身体，我不如贝利。不过这些都不重要，因为我有一颗上进的心。每次比赛后，我总会问自己还能踢得更好些吗？或是哪些地方是我的不足？……"

相信一点：你能在现有的基础上做得更好。

无论你现在的能力如何，条件如何，你都要牢记"只要努力就值得肯定，有一点进步就是胜利"的理念，哪怕是1%的进步也要肯定自己。坚持下去，不仅能彰显自己积极进取的美德，而且能积累一种超凡的技巧与能力，使自己成长得更快、更好，具有更强大的生存力量。加油吧！

人生从来没有一蹴而就的成功

很多人渴望着能够一鸣惊人，试图一夜之间让自己的生活发生翻天覆地的变化。但是，绝大多数对成功怀着极度渴望的人，却往往忽略了这样一个事实：我们只是看到了鲜花盛开时的美好，却往往忘记了它背后所历经的风雨。

在生活中，我们常说一句俗语："十年磨一剑。"有人对这种行为嗤之以鼻，认为十年磨一剑的时间太长了，是一种浪费青春和生命的行为。但是，心怀未来的人知道，这十年正是积蓄力量的过程。"人生能有几个十年。"这句话从心浮气躁的人口中和坚定不移的人口中说出来完全是相反的意思。

或许每个人的天资有限，没有高贵的血统，更没有治国安邦的旷世才华，但是，我们可以选择在默默无闻中磨炼自己，等待着爆发的那一刻。

生活中那些取得较大成就和成功的人，并不是因为一开始他们便居于高位，也不是他们有一步登天的本领，而是他们在不被重视和重用时不甘沉沦，没有退缩，不断地完善自我，最终成功指日可待。

在日本有一位年轻的女孩，走上社会的第一份正式工作就是到东京帝国酒店当服务员。在还没有接触到具体的工作的时候，她就下定了决心要好好地干。但是，让她无论如何也没有想到的是，她的主管交给她的第一项任务就是洗马桶。

女孩一下子就蒙了，她怎么也想不到，自己的第一份工作竟然是这样。在嗅觉上和体力上她还能勉强忍受，但是心理上的落差让她一时间无法忍受。最为要命的是，按照主管的要求，马桶的干净程度要达到光洁如新。

女孩没有想到洗马桶还有这样的要求，她开始怀疑自己的选择是否正确。正在她犹豫的时候，一个前辈走了过来，看出了她的疑惑。前辈没有说话，只是拿起了抹布，一遍一遍地清洗着马桶。洗完以后，前辈用杯子从马桶里舀了一杯水，然后一饮而尽。这个举动让女孩摆脱了困惑。最为重要的是，女孩明白了自己以后的道路该如何走好。

前辈的举动让女孩大受鼓舞，于是她痛下决心：即便洗一辈子马桶，也要做一名最出色的洗厕人。在这以后，女孩没有了抱怨和质疑，工作质量很快也达到了前辈的标准。最为重要的是，她迈出了人生的第一步以后，开始逐渐走向人生的巅峰。这个女孩就是日后日本政府的高级官员——邮政大臣野田圣子。

通往成功的道路向来都是呈螺旋或阶梯式前进的，有高潮的时间，也有低落的时候，这就像空中飞翔的海鸥一样。海鸥飞翔的时候，不是像大部分鸟儿一样直飞向天，而是需要经过很长一段时间缓慢的、低低的滑翔才慢慢地张开翅膀，然后一下子飞向天际，穿云破雾，上下盘旋……

人生从来没有一蹴而就的成功，不轻视自己所做的每一件事，坚持不懈地努力，这就是厚积薄发的妙处。唯有厚积，拥有一颗不断进取的心，不断地积累，才能使自己更强大；也唯有薄发，最后的能量才会闪耀出惊人的光彩。

厚积薄发，这是一个漫长的经历，慢慢来吧。

再试一次

生活中，我们难免遭遇挫折，垂头丧气。一次，两次，我们提醒自己必须鼓起勇气——这都不算什么，挫折是通往成功的一扇门。于是我们站起来了。可是，同样的事重复十次八次，甚至上百次，我们的热情、愿望就像熄灭的火一样，再也燃不起来。我们放下了追逐的梦想，扔下了拼搏的计划，任自己曾经的心血像杂草一样荒废。人生在给我们机遇的同时，也安排了很多陷阱，落下去，就意味着荒废。

一旦人们习惯了荒废，就会觉得自己不适合做的事越来越多，理想的光芒渐渐消磨，只想如何才能混日子。于是，我们对自己的要求越来越低，做事越来越对付，别人对我们的印象越来越差，甚至会说："你变化可真大。"可惜，不管对方是惋惜，还是幸灾乐祸，都激不起我们曾经的雄心壮志，我们再也没有成功的意念。

当习惯成自然的时候，我们就会发现自己的荒废已经成为了一种堕落，曾经的伤痛已经不值得他人的同情，在长吁短叹中后悔自己没有及时站起来。

难道我们真的要到站不起来的时候再去后悔吗？仔细想想，那些困难真的值得我们荒废自己吗？哪个人的成功都不是大风刮来的，都经历了无数次失败，为什么那么多人坚持不住，宁可当个普通人，也不再去尝试？因为他们碰壁碰疼了，碰怕了，碰烦了。换言之，他们是不珍惜自己，在面对困境的时候，他们不懂得如何自救，甚至没有自救意识。

有一个女孩从小喜欢打乒乓球，但是，她身材过于矮小，不论是市里的还是省里的乒乓球队，都拒绝她的加入，她也曾经为此苦恼丧气。不过，她不愿放弃自己的理想，仍然勤学苦练，在一次次比赛中让人刮目相看。

后来，她进入国家队。国家队高手如云，个子矮仍是她的"硬伤"，但是，她靠着坚持不懈地努力，坚持了下来，始终刻苦训练，终于成了世界闻名的乒乓球运动员。她就是邓亚萍。

很多时候我们没有达成自己的愿望，不是自己的能力不够，而是我们给自己的心理加了太多限制，旁人对我们的行为的评判，也让我们觉得这限制"有理有据"。可是，多一个限制，就是给自己多戴了一条枷锁，有一天你会发现你连行动都困难。这个时候，如果你没有为自己解开枷锁，最终你只能滞留在原地。但只要你想得开，你会觉得以前的想法有点可笑：为什么当初以为自己不行？

挣脱自我限制的方法只有一个：说服自己再来一次。无论想做的是什么，不论想要的是什么，将自己当作一个初次参赛的选手，在乎经验而不是结果，让自己的心始终像一个被倒空的杯子，随时能装进新的东西，拥有这种"随时再来"的心态，你即使没有达到想要的结果，也能有其他收获，例如，经验、机遇，其他的可能。

有这样一位年轻美国人，他的父亲是一个赌徒，母亲是一个酒鬼。这样的生活没有意义，他下定决心要走一条与父母迥然不同的路，活出个人样来。做什么呢？他想到了当演员，当演员不需要文凭，更不需要本钱，而且他认为这是自己今生今世唯一出头的机会！

于是，年轻人来到了好莱坞，找明星、找导演、找制片人……找一切可能使他成为演员的人请求，但他一次又一次被拒绝了，有人说他长相不够英俊，有人嫌弃他没有接受过任何专业的表演训练……总之，人们说他不具备做演员的条件。一晃两年过去了，他穷困潦倒极了，身上全部的钱加起来都不够买一件像样的西服。

"我真的不能当演员吗？不！"年轻人没有因为别人的否定而气馁，"既然不能成功当演员，能否换一个方法？"他想出了一个"迂回前进"的方法：写剧本，待剧本被导演看中后，再要求当演员。当时好莱坞共有500家电影公司，他带着自己的剧本去拜访所有公司。三轮的拜访，1500次的拒绝，可以消磨一个普通年轻人所有的热情与激情。

但是，这位年轻人显然不是普通人，他决定开始第四轮的拜访，终于奇迹出现了。一个曾经多次拒绝过他的导演被感动了，同意投资开拍他的剧本，并给了他一个男主角的机会。为了这一刻的到来，年轻人已经做了充足的准备——他成功了！这部电影就是之后红遍全世界的《洛奇》，而这位年轻人即史泰龙。

史泰龙之所以能成为众所周知的巨星，不正是因为他的坚持吗？当他一次又一次地被导演否定时，他没有因此而放弃成为演员的人生目标，而是耐心地开始下一次拜访，坚持，再坚持。

善待自己是最高的智慧，荒废自己是最低级的愚蠢。我们只有一次生命，没有任何理由去浪费，旁人如果阻挠我们，我们知道反对；环境如果阻挠我们，我们知道克服。最怕的就是自己阻挠自己。千万不要给自己的心罩上一个罩子，那样看似安全，却扼杀了自己奋发向上的能力。

拥有一颗乐观向上的心，不断地去尝试，才能不断战胜自我，一步步成长。

不问过往，只看未来

"时光的背影如此悠悠，往日的岁月又上心头"。很多时候，时间的流逝不仅只是带走了很多的人和事情，还会给我们带来一定的思念和感伤。我们回首曾经走过的路，虽然有很多的遗憾，但是我们只要能做到不去计较得失，将过去放下，那么我们就能够为自己憧憬一条未来发展之路。

人生就如同戏剧一样，在这场戏中我们有着不同的轨迹和故事，但是人们之间也有着共同的地方。我们只有走出过去、把握现在，同时大胆憧憬未来，才能开始一段全新的生活。让我们走出过去，并不是让我们放弃过去，而是希望我们能够从过去的阴影中走出来，并且积极总结经验，成为现在和未来的借鉴。一个人如果总是生活在过去的悲伤或者辉煌中，那么他将永远无法达到下一个高峰。

一个能够放得下过去的人才是性情上豁达的人，而一个人如果能够放得下过去，那么他才可能面对更大的幸福。活在过去的人，他们无法迎来全新的奋斗生活，他们不知道自己的明天在哪里，而这样的人终究有一天会被历史的浪潮所淹没。

我们在生活和工作中没有必要去刻意回避什么，只是有些事情我们身不由己，甚至有的时候我们都是在刻意在意一些东西，而最终我们却无法拥有这些。就比如我们有的时候一直很坚信那种亘古不变的友情或者爱情，但是在不知不觉间这种"亘古不变"就会变化。我们身边的人，旧的走了，新的来了，他们都在匆匆忙忙地奔走。

过去是根本无法避免的事情，所以我们需要抬起头勇敢地去面对。前面还有很多路等着我们去面对和开拓，前面还有无数个美好的明天在等待着我们。

很多时候我们认为自己的路走得不好，认为自己的路太过于狭窄，其实这都是我们的眼光太过于狭窄，我们只是看到了已经经过的辉煌，但是却看不到前面更广阔的天地，所以最后我们的路被自己所堵死。

英国前首相劳合·乔治有一个随手关门的好习惯。有一天，劳合·乔治和朋友们在自家的院子里散步，他们每走过一扇门，劳合·乔治总是会随手关上。朋友们对此很纳闷，于是对他说："你有必要这么做吗?"

劳合·乔治则微笑着说："我就是有这样的习惯，这是我必须去做的一件事情。而且，当我在关上门之后，也代表着我已经将过去留在了身后，不管过去是美好的成就还是失误，我都会忘记，然后重新开始。"

劳合·乔治的这个习惯是多么经典的一个行为。他能够从昨天的风雨中走过来，身上一点灰尘都不沾染，心中一点悔恨和辛酸都不会留下。我们需要对昨天的失误进行总结，但是我们却不能总是对过去耿耿于怀，不管是悔恨还是伤感，都无法改变已经发生了的过去，过去的事情不能够重新来过。如果我们每天总是背着一个沉重的包袱，总是因为过去的事情而伤感不已，那只能是浪费掉了大好的时光，同时也等于是放弃了自己的今天和未来。总是追悔过去就只能让自己失去今天和未来，就好比我们错过这一趟的火车，因为这件事情而一直追悔，那么很有可能连下一趟的火车都会错过。

我们如果想要获得成功，就需要随手关上身后的那扇门。要学会将过去的错误和失误全部忘记，我们不要沉湎于对过去的懊恼中，要懂得往前看。时光一去不复返，我们每天都有很多事情要去做，明天将会是全新的一天。我们要懂得重新开始，不要因为过去的错误而耽误今天的进程，其实我们的幸福就在眼前，关键是我们该如何去把握和努力。一旦将过去放下了，那么就能够拥有美好的明天了。如果我们有怀念过去的力量，那为什么不去憧憬未来的幸福呢？我们只要拥有对未来的信心，那么我们就会勇往直前。

我们要做一个喜欢憧憬未来的年轻人，要做一个有活力、有朝气的人。我们要活在现在，不断憧憬美好的未来。将过去的不痛快或者辉煌全部都抛到脑后。过去已经是历史，而今天才是全新的一天。我们没有必要承担过去的重担，而应该积极面对新的一天。

尘埃里也能开出花

每个人都想拥有一个快乐的人生，但是我们在生活中会经常遇到不快乐，这些事情会让我们忧虑重重，甚至会影响到我们的生活和工作。其实，快乐也是一种习惯，如果我们能够养成这种习惯，那么我们就会远离忧虑，就能够拥有快乐，我们的生活也就会充满了阳光。

一个人能不能开心，和他的生活态度有很大的关系，而与物质没有太大的关系。

幼儿园里一位三岁的小朋友问老师："老师，老师，你知道我妈妈是男的还是女的?"老师故意装作思考了一会儿之后，回答说："我猜你妈妈是女的。"小朋友听完之后非常开心，她认为老师非常聪明，回家之后她对自己的妈妈说："老师真的很聪明，她居然知道你是女的。"说完之后她就哈哈大笑起来，而孩子天真的笑脸也感染到了父母，他们也因为这件事情开心了好久。

其实经常快乐的人并不是因为每天都有快乐的事情发生，而是因为他们和小朋友一样，有能够让自己快乐的秘诀。他们懂得自己给自己找快乐，而他们已经把此当作了一种习惯，所以他们能够永远快乐。

苏东坡是宋朝的大文豪，他一生都非常坎坷，曾受过排挤、诬陷、侮辱、牢狱之灾，甚至多次被贬，但每次遇到挫折的时候，他都能够在苦中作乐，保持潇洒的心境。曾经有一次他被诬陷坐了好几个月的牢，在出狱之后，他想到的并不是如何平反或者报仇，而是如何愉快地度过剩下的时间，他的这种心境难能可贵。

其实每一个人都想快乐地度过自己的一生，但是现实生活中总会有太多的不如意，这些都会让我们的心情变得郁闷。人的生命只有一次，而时间飞逝，我们没有理由不快乐，就算是命运坎坷，我们也应该拥有一份快乐的心态，放弃掉一些没有必要的忧虑，这样就会找到很多快乐的理由了。我们要懂得享受人生，懂得快乐地生活，这样我们就能够从困境中解脱出来，然后成为一个快乐的人。

第二次世界大战之后，一位美国的战地记者在德国的一片废墟中找到了一块居民区。他在一家居民的窗台上看到了一个很简陋的花盆，此时花盆中的玫瑰正在吐蕊。眼前的情景让这位记者更加坚信，德国一定会重新崛起的。因为他看到了这盆玫瑰，因为它代表着德意志民族的坚定生活信心。

如果一个人走投无路了，那么乐观就是他最大的一笔财富。只要他能够拥有乐观的心态，那么他就能够坚持下去，就能够等到时来运转的时候。有了乐观的心态，就算是不快乐的事情也会变得值得快乐起来。

亚伯拉罕·林肯说："只要心里想着快乐，绝大部分人都能如愿以偿。"

而要想养成快乐的习惯，依靠的就是思考的力量。我们可以给自己拟定一些和快乐有关的想法，然后每天不停地去思考这些想法，如果在这段时间里有不快乐的想法介入，那么我们就可以立即通过快乐的想法而取代。比如，我们可以在每天起床的时候伸一个舒适的懒腰，然后开始静静思考今天值得快乐的事情，然后给自己描绘出一幅快乐的蓝图。

努力放弃忧虑，然后以快乐的心态去对待一切，那么好心情就会时刻伴随着我们。世界上有很多人拥有很多，唯独缺少的就是快乐；但还有一些人他们虽然什么都没有，但是他们拥有快乐，所以他们同样很幸福。

生命很短暂，我们没有必要也没有理由不快乐。我们只要养成了良好的心态，即便是面对困难和挫折，那么也能够使自己幸福起来。

Part 7

若时光阴暗，那就多些历练

人总会遇到挫折，会有低谷，会有不被人理解、低声下气的时候，在这样的时刻，我们需要耐心等待，要相信，生活不会放弃你，命运不会抛弃你。如果耐不住寂寞，你就看不到繁华。没有人能够替你承受，也没有人能够拿走你的坚强，成长，就是逼着自己坚强，勇敢面对。伤痛总会消失，人生总会向前。

直面痛苦

　　我们的人生当中有欢乐，也有痛苦，这些都是我们一定会有的经历，也是再自然不过的事情。我们不会一直生活在痛苦当中，同样，我们也不能一直享受快乐。在我们乐而忘返的时候，痛苦就会作为磨炼出现在我们的生活当中。

　　怎样面对痛苦是人们思考良久的课题，也是永久的课题。人们都说"乐极生悲"，为了防止这样的落差，有的人压抑自己的快乐，只想痛苦别找上门来。但是当你压抑自己的时候，就已经深陷痛苦当中了。

　　确实，我们不该时时刻刻回忆痛苦，但是在痛苦来临的时候我们也不能刻意回避，装作没有事情一样将痛苦尘封。虽然表面上我们已经将痛苦处理掉了，但是它会看准我们心中的空隙，找准机会再伤害我们一次。

　　痛苦需要领悟，只有知道痛苦是什么，只有深入地剖析痛苦，我们才能真正地释然，做到真正地忘记。同样还能从中获得宝贵的人生经验，用于我们以后的生活当中。

　　一个国王生了一场大病，谁也不知道病因是什么，只知道他整日躲在自己的宫殿里，连朝臣都不愿意见。皇后担心国王，就派人去清万里之外最有名的高僧，希望他能够帮助国王。高僧风尘仆仆地赶到宫殿，立刻被迎入国王的房间。

国王也听说过这位高僧的名声，不敢怠慢，但也不愿多提自己的病。高僧说："我听说三个月以前，您在打猎的时候胳膊被划伤，现在您的身体如何？"

"我的胳膊已经好了。"国王说，"可是上个月，敌国向王宫派了一个刺客，又让我受了一回惊吓。您是最有修为的高僧，能不能告诉我，世界上什么地方最安全？我觉得不论在外面，还是在自己的宫殿，没有一天有安全的感觉，这让我很害怕。"

"安全的地方只有一个。"高僧说，"但我相信您不愿意去。"

"在哪里？"国王问。

"坟墓里。人只要死了，就不会再有人来危害他，他也不会再感到痛苦。我们用生命中的时间和精力换来保护自己的能力，取得安全和安逸，但也只能取得一部分，唯有用整个生命，才能换来最多的安全。"国王听后若有所思，几天后，他不治而愈。

失恋的人是痛苦的，但他得到过爱情，也会拥有最美好时刻的回忆；失败的人是痛苦的，但他拥有经验，就有了反败为胜的法宝；失望的人是不幸的，但他们至少经历过，而且也因为失望，更懂得希望与追求的可贵……

痛苦需要我们用心胸和智慧去领悟，唯有直面痛苦，我们才有勇气剖析痛苦，才能理智地总结有意义的经验，客观地审视自己。痛苦来时不要逃避，也不要忽视，当然，也没必要沉浸其中，学会换个角度看待它，那么它对我们的伤害就会降到最低，我们才能理解一些生命中最本质的东西。比如生病的时候，我们知道了健康的重要；难过的时候，我们知道了朋友的重要；困难的时候，我们知道了亲人的重要……痛苦给我们的最大启示，就是告诉我们什么是幸福。

没有人能够避开痛苦，所以，我们要看穿痛苦，最好也看穿幸福，这样一来，我们对人生的理解就会上升一个层次，我们才会走入另一个人生阶段，逐渐成熟起来。生活就是这样，走过了，试过了，才发现经历比什么都重要，包括结果。只要这样想，你就会把此时的痛苦当作命运给予的教诲，它值得你一再品读。

**清空心灵的
贮藏室**

　　每个人都有两个年龄，一个是生理年龄，一个是心理年龄。众所周知，生理年龄相同的人，心理不同年龄气质的差别就会非常明显。想要永葆青春的人，除了生活中的各种身体保养之外，心情的保养必不可少。如何才能给我们的心做些保养呢？

　　仔细一想就会发现，孩子们和成人最大的区别在哪里呢？无非是心境的不同。孩子们没有什么心事，每天都过得无忧无虑，快快乐乐；而成人们呢？在名利当中沉浮，在物质当中追逐，每天都活在烦扰当中。

　　很多人都认为这样的现实是无可避免的，也是成长的悲哀。但是我们的心可以脱离这样的现实。只要我们的心还年轻，那么我们就不会对现实充满绝望，每天都能神采奕奕，不会感到疲惫不堪。

　　小张做业务员有几年了，他身边的同事走了一批又一批，只有小张一直留在自己的岗位上，今年的他已经荣升为业务经理，再也不用去跑业务了。但是他反而有点失落，因为生活轨迹发生了改变，他轻松了很多，赚的钱也更多，但是他却觉得自己越来越不快乐。

　　这样的生活持续了一段时间之后，他向上司请了年假，然后收拾背包去旅游。他回想自己曾经想要去的地方，一一筛选，最后发现，那些曾经向往的繁华都市现在反而不想去了。最终他并没有走远，只是带着帐篷到郊外去野营。

夜幕降临了，小张躺在草地上看星星，突然觉得很疲惫，仔细想想，自己还不到 30 岁，还是大好年华，为什么却觉得心越来越累，仿佛自己已经很苍老了呢？明明现在的工作和生活都是大学毕业的时候最向往的，为什么现在却没有了快乐的感觉了呢？

这一夜，小张失眠了，他想到自己几年来的奋斗，想到自己没日没夜地打拼，终于找到了答案。在大学时代，他希望能够在自己的岗位上做出一番成绩，证明自己；大学毕业之后，生活的压力让他只想找到一份比较赚钱的工作；当上业务员之后，他每天跟客户周旋，慢慢忘了原来的打算；生活稳定之后，他已经完全沉入欲海当中，随之沉浮；当一切拥有了之后，他才发现自己想要的不过是内心的平静和快乐……

其实我们又何尝不是如此呢？因为只看眼前，不懂得照顾你自己的内心，所以心里的垃圾越来越多，心情越来越沉重。我们的人生就像是连绵起伏的高山，其实我们所要到达的永远是下一个山顶，不要总在一个山头哀叹人生，我们的人生之路还很长，想想身后的山，我们就有了动力。

不要贪恋眼前的一切，也不要过于执着远方的风景。我们的心和电脑一样，有容量，该保留的保留，该删除的删除，不要将什么都收进眼底，记在心里，那会成为我们的负担。

适时地给心灵松松绑，抬头挺胸，沉静地迈出自信的步伐，迈出自己绚烂的青春吧。

彩虹总在风雨后

　　青春是一条曲折的河，没有人知道它要经过多少道弯才能最终入海。而时光就如同流水，没有静止的一刻，无论是怎样的曲径，最终还是会看到广阔的大海。

　　岁月如斯，我们的青春转瞬即逝，有的人茫然，有的人恐惧，但无论怎样，该经历的都要经历，要过去的总会过去。想要看到最美的彩虹，就要经历狂风暴雨。

　　有人说，沙漠当中也会有小树生长，但是因为沙漠干旱缺水，所以小树的长势不会很好，树干总会扭曲地生长，表皮也不够光滑。但是，没有人会否认这是沙漠当中最美的风景。何惧成为沙漠当中的树呢？森林当中的树木固然苍翠美丽，但你未必会是最出众的那棵。理应光芒绽放的青春，为何不留下最美丽的回忆？

　　有的美丽注定要躲在困难之后，而经历了苦难的你，才会用心去欣赏美丽的风景。既然会有风雨，那么就不如借用《海燕》当中的那句话——让暴风雨来得更猛烈些吧！

　　楚楚已经进入社会有几年了，现在的她是一个小老板。虽然她的小店还不足以打入国际市场，但在国内的一些省市当中已经有了一定的知名度。没有人相信，这个不过二十几岁的年轻女孩仅仅用了几年的时间就走到了这一步，且全凭自己的打拼。就连她的同学都不敢相信，曾经一无所有的她会变得如此富有。

毕业之后，楚楚曾和她的同学一样，四处投简历，努力找工作。她的朋友们都将目标定在了大公司的白领阶层，而她却进入了一家专卖店，做起了导购。没有人明白她这样做的原因是什么，名牌大学的毕业生为什么要去做高中生都可以做的事情。虽然她说这是为了积累经验，实现自己开服装公司的梦想，但没有人能够理解。

第二年，她的朋友们有的升职，有的加薪了，而她则辞去了导购的工作，进入了一家服装厂当工人，一切又从零开始。楚楚的朋友们都劝她不要这样换来换去的，明明她都有机会荣升为店长了，在品牌服饰连锁店上班怎么也比服装厂强，但楚楚仍旧坚持……

几年的青春，当楚楚的朋友们在公司里拼命往上爬的时候，她却经历了更多的苦难，没有稳定的工作，也没有一个固定的居所，生活条件更是不用说了，可楚楚认为这是她成功路上的一部分。终于，她有了足够的资金可以盘下一个小店面，开始卖她喜欢的服装。她早出晚归，生活没有规律，但她仍然努力经营着。凭借着丰富的经验，她看市场的眼光很准，店里的生意越来越红火。后来，她聘请了一位设计师，也成立了自己的品牌公司，随着销量的不断上升，她的服装店也多了起来……

有人说创业需要资本，这没错，但你或许忽略了，年轻就是资本。我们有青春，有的是时间拼搏，有的是时间积累。不要去惧怕青春带给我们的风雨，相比之下，我们可以期待风雨过后的彩虹。

青春是拼搏，是追逐，不要沉浸在青春附带的那些晦涩当中，抬头迎接风雨吧，即便雨水滴到眼睛里，擦拭掉，笑对人生，迎接青春的绽放。

华丽的跌倒，胜过无谓的徘徊

对于我们来说，最需要的是肯定，最恐惧的，无非是失败。因为我们总会在失败中挣扎哭泣，失败就像是对不自信的人们的嘲笑，是我们最不愿提起的回忆。但想一想曾经的失败，我们就会发现，即便我们当时沉溺于苦痛当中，但现在的生活仍要继续。人生需要失败的点缀，它就像是我们人生当中独特的音符。

第一次摔跤、第一次考试失利、第一次失恋、第一次创业失败……我们的人生当中有很多第一次，有第一次成功的喜悦，同样，也有第一次失败后的难过。没有尝过苦药，不能切实体味到甜的滋味。成长路上需要失败，只有失败才能让我们的人生趋于完美，才能让我们认识到成功。

失败并不一定是我们人生的结局，没有什么过不去的沟壑，只有没胆量迈出的脚步。如果你在困难面前一蹶不振，那么就会注定永远失败。其实，生活很简单，它不是你死我活的战场，我们也不必怀着不成功则成仁的决绝。失败不是什么大不了的事情，只是我们人生当中的一部分而已。

在人生的旅途当中，我们不知会摔多少跟头，也不知已经摔了多少跟头。我们因为年轻，所以敢于拼搏，即便受了伤，也可以马上振作。但或许你并不记得自己为什么摔倒，或是在哪里摔倒。受伤难道是我们唯一的记忆吗？

我们换个角度想一想，我们摔倒的原因是什么呢？难道不是生活给我们提了一个醒吗？让我们及时看路，及时改变方向，避开更大的灾难，从而更接近成功。

在上大学的时候，他就开始踏入社会了，他想要尽快闯出一番自己的天地。和朋友们找工作实习不同，他想干的是属于自己的事业。为此，他跟家里要了一笔钱，作为自己的创业基金。刚开始，他进了一些货物卖，但是他没有什么经验，又缺乏市场洞察力，生意冷淡。最后别说赚钱，就连本钱都赔了进去。不过他认为这只不过是自己没什么经验而已，下次一定会更好。在这次失败过后，他并没有沉浸在痛苦中，反而是很快地振作了起来。

很快，毕业的季节来临了。对于他来说，这是他梦寐以求的时刻，因为他终于能放开手脚去拼搏了。他的家人给予他精神支持的同时，也给予了他物质支持。有了启动资金，就不愁生意做不起来。虽然家中建议他先观察市场，多了解了解再去做，但是他等不及，还是出手了。这次的结果和他第一次创业没有什么不一样，还是以失败告终。

但是两次打击也不能毁灭他开创事业的决心。这次他断了自己的后路，不再跟家里要钱，而是向朋友借钱，重新开公司。他不相信，自己这么优秀，生活会一直这样拿他开涮。可是结果仍旧是失败……一次次的挫折都没有将他打垮，他一次次地振作，但是他的生活和生意没有丝毫改变，唯一改变的就是他债务的数字。

后来他实在想不通，就找到了大学时代的导师，和他倾诉。他对导师说："我实在想不通为什么，我已经非常努力了，但生活一再捉弄我。每当挫折来临的时候，我都告诉自己我还可以振作，但是生活没有给我一丝回报！再这样下去我真的不知道我还能坚持多久……"

他的老师听完后没有马上发表意见，而是给他讲了一个自己的经历。他说："我年轻的时候曾经喜欢四处旅游。有一次，我徒步走到了一片草原中。那里鲜有人烟，草生得非常茂密。当时是下午，我想要快点走出草地，找到一个落脚地。在我走了一段路之后，不知道被什么绊了一下，摔了一个大跟头。不过我没有在意，因为我很着急，所以我马上站起来继续前进。但是没走多远，我又摔倒了。这个跟头摔得很疼，同时也让我意识到了一件事情，这是一片草地，没有树根的牵绊，我为什么会摔倒呢？等我仔细观察才发现，绊倒我的是一个草环，而且周围有很多，让我想不到的是，这些草环勾勒出了一个轮廓，而在这些草环中央是一片沼泽，那正是我要通过的地方……"

听完老师的话，他若有所思。在那之后，他静待了一段时间，没有急于创业。在他周围的人以为他一蹶不振的时候，他厚积薄发，重新开起了公司，而且短短的几年时间就让公司走上正轨，他终于成就了自己的事业。

回望前路，你跌倒后做了些什么呢？是迅速地振作起来重新前进吗？受挫是必然的，振作也是应该的，但是在振作之前，我们应该先收集一些对我们有益的信息和经验，这样才有利于我们重新出发。

戴尔·卡耐基事业刚起步的时候，在密苏里州举办了一个成年人教育班，并且陆续在各大城市开设了分部。他花了很多钱做广告宣传，房租、日常用品等办公开销也很大，但一段时间后，他发现数月的辛苦劳动竟然连一分钱都没有赚到。卡耐基很苦恼地结束了这一切，并且整日闷闷不乐，神情恍惚。

这种状态持续了很长一段时间后，卡耐基找到了老师乔治·约翰逊。"失败有什么？让你更清楚地看清自己罢了！"老师的一句话意味深长，令卡耐基顿悟，于是，他开始静静地思考自己存在什么问题，工作是不是需要改善……一番思索后，他改变了成人教育的研究方向，致力于人性问题的研究。经过一段时间的努力，卡耐基开创出了一套独特的融演讲、推销、为人处世、智能开发于一体的成人教育方式，他的著作《沟通的艺术》、《人性的弱点》等出版后，立即风靡全球。

从这个故事中我们可以感受到，尽管失败使我们痛苦，但经受失败没什么大不了，只要我们能够积极一点，乐观一点，善于从失败中学习，不断地总结失败的教训，并不断告诫自己，下次绝不可犯此类错误，重整旗鼓、从头再来，那么就能一步步走出失败的阴影，收获成功的阳光。

失败并不是什么可耻的事情，不要不敢面对。青春无敌，没有什么是我们面对不了的。我们未来的路还很长，一时的失败并不能将我们的整个人生打入地狱。坚持下去，告诉自己，这只不过是一时的失败而已，不要时时刻刻都暗示自己"我已经失败了"。这只能让自己跌入永不翻身的深渊。

想得简单一点，不过是失败而已，这是在为人生的曲线积蓄力量，下一步我们就该向上走了。吸取教训，抛却负担，轻装上阵，走向成功的彼岸吧。

残缺的躯体，也阻挡不了圆满的人生

俗话说得好："困难像弹簧，你弱它就强。"其实这句话还有一句，就是"你强它就弱"。世界上的很多事物都是此消彼长的，我们对困难示弱的时候，那么它们就会越来越猖狂，蔓延滋生，给予我们更多的痛楚。但是，如果我们以笑容面对它们，那苦难便不能带给我们任何的影响，它们也只能灰溜溜地离开。

苦难不会给予弱者同情，更不相信眼泪，它们只会屈服于强者的征服。或许跨过沟壑很难，但是动一动嘴角笑一笑有什么困难的呢？微笑就像是一种魔法，可以驱除眼前的苦痛，将坚强带到我们身边。

在磨难面前，我们要学会给自己打气，看到希望之光，这样痛苦就会减弱。

小唐是一个年轻向上的女孩，她美丽，朝气蓬勃，一切对于她来说都充满了希望。走在她身边的人似乎总能看到小唐的身上绽放着一种光芒。而小唐也因为这样吸引了很多男孩的目光。其中有一个男孩追她追得热烈，总是做出很多浪漫的事情，比如冬天的早上买好早点等在她的宿舍楼下，经常给她一些惊喜。在"糖衣炮弹"的攻击之下，小唐成为了爱情的俘虏。

两个人在一起是甜蜜的，小唐的朋友总说小唐变得越来越漂亮了。转眼毕业的时间到来了，大家面临着分别，很多情侣也面临着两地相隔，有的尝试远距离恋爱，有的选择了分手。小唐是幸福的，因为她的男朋友选择和她去同一个城市。

当然，生活当中只有爱情远远不够，两个人为了自己的未来努力找工作。他们进入了不同的公司。小唐性格开朗，工作认真负责，很快就加薪升职；相比之下，她的男友工作不是很顺利，两个人之间的落差越来越大，终于她的男朋友接受不了"女强男弱"，和小唐分手了。

这对小唐来说是个非常大的打击，她终日愁眉不展，工作也频频出问题。这让小唐觉得人生没有了希望，什么痛苦都要找上门。越是心情不好，境遇越不好，有一天小唐照镜子发现自己竟像一个几十岁的妇女一样，深深的眼袋，蜡黄的肤色，有些混沌的眼睛，她都快不认识自己了。

小唐沉浸在自己的悲伤中，觉得人生失去了意义。有一天，她正在公司工作的时候，突然感到了地动山摇，这时不知是谁大喊了一声"地震了"，人们才反应过来往外跑。小唐运气不够好，在逃生的时候被掉落下来的水泥压住了腿。钻心的痛楚袭来，但是小唐无暇顾及，因为她不能晕过去，也不能睡着，要等待救援。

就是在这个时候，小唐才意识到自己有多么想要活下去。地震过后，小唐获救了，但她永远地失去了左腿。但是让人想不到的是，小唐变回了原来的样子，微笑待人。当她的朋友为她的改变惊叹的时候，小唐对朋友说："当我被水泥压住的时候，我发现，在我的求生欲面前，疼痛根本就微不足道，我想人生应该就是这样吧，只要看到希望，我就能微笑，任何苦难都没有办法伤害到我了。"

在痛苦当中，我们需要将这种痛苦感觉转化，不去关注它，将我们的时间放到希望之上，当我们从痛苦当中找到希望的种子时，喜悦会充斥我们的心，我们的嘴角会不自觉地上扬，这时一切苦难都会变得微不足道。

小唐就是领悟到了这个真谛，所以才能笑对残缺的躯体，过圆满的人生。微笑是最简单的身体语言，但也是最有力的语言，记住，不论遇到怎样的困难，只要我们笑脸相迎，最终就能战胜悲痛，战胜一切。

既然人生总会有苦难，那么我们就要学会将痛苦转化成微笑，微笑是我们这个年龄该有的表情，也是青春最美的妆容。

稀释痛苦

你只看到了玫瑰的娇艳，却忽视了它浑身是刺的寂寞；你只闻到了丁香的芬芳，却不晓得它的叶子苦涩得吓人。

我们希望一切都能够顺顺利利，向着好的方向发展。事实上人生的大方向也是这样，只不过我们的人生是由无数的抛物线组成，当到达一个顶端的时候，就会走下坡路，为的是给下一个阶段积攒能量，走向更高的巅峰。

我们习惯于看到别人的成功，自己的不幸，但是在别人光鲜亮丽的表面之下，经历了怎样的磨难，恐怕只有本人了解。我们也是一样，眼前的磨难可以结束我们的人生吗？代表着我们人生的终结吗？如若不是，那么我们为什么不能开出芬芳的花朵？要知道，叶子是花的一部分，没有叶子苦涩的养料，花儿开不出沁人心脾的花朵。

造物主是公平的，他给予了你多少，就会要你付出多大的代价。同样地，预先降临的灾难、苦痛，是给予你灿烂未来的前提。苦痛是固定的，就像《西游记》当中师徒四人的取经路一样，九九八十一难是注定的，少一个都不行。只有历经艰辛的人才知道甜是什么滋味，才有资格感受成功。在苦痛面前有什么不能释然的？想想未来的辉煌，眼前的苦痛就算不了什么了。

从前，在山上有一间木屋，在木屋当中住着一个先生，还有几名学生。

其中的一名学生被亲生父母抛弃了，因为父亲欠债，他的父母连夜逃跑，将他一个人丢下了。先生收养了他，他和先生住在一起。

每到放学的时候，看着自己的伙伴们被父母接走，这个学生的心中就充满了不平。他不止一次向先生诉苦、抱怨，他说："为什么上天偏偏对我这么不公平？我没有做什么坏事，而我的父母竟然抛弃了我！我从来没有不听话，也没有在他们面前任性过，但他们竟然不要我了。为什么这种事情要降临在我身上？为什么我朋友的父母那么爱他们，我却有这样的遭遇呢？先生，我的忍耐快到极限了，被抛弃的痛苦时时刻刻萦绕在我心中，我都快窒息了。求求你告诉我，我要怎么做？"

看着自己的学生越陷越深，先生终于给了他一个答案。他从厨房拿来两罐盐，然后让学生拿来一杯水。

先生笑了笑，将一小罐盐全部放到了这杯水中，让学生尝一口。学生愁眉苦脸地抱怨道："又咸又涩，还很苦。"先生抚了抚胡须，带着学生下山了。他们走过一片湖水的时候，他让自己的学生将另一罐盐倒入湖中，然后尝尝湖水的味道。学生现在嘴里还是苦涩异常，喝了一口湖水，顿觉清凉。

先生告诉学生："你刚刚经历的这些和你的人生是一样的。盐的数量是固定的，在于是一起给你，还是慢慢地给你。人生也是一样，幸福和苦难的量是固定的，如果你现在觉得痛苦异常，那么你可能用一杯水溶解了所有的盐，那么你未来的人生就会向好的方向发展了。你如果这样想，眼前的痛苦也就不算什么了。"

就像先生所说的那样，我们的未来虽然是未知的，但有的痛苦是固定的，我们可以一杯水尝尽所有的苦，也可以将苦痛溶入整片湖水当中。在痛苦来临的时候，我们要懂得稀释。痛苦中蕴藏着珍贵的经验，让我们的未来开出绚丽的花。

痛苦是成长的养料

痛苦让人委屈，但从古到今，无数名言俗语都曾歌颂过痛苦，比如："在任何情况下，遭受的痛苦越深，随之而来的喜悦也就越大。""极度的痛苦才是精神的最后解放者，唯有此种痛苦，才强迫我们大彻大悟"。这些话都间接说明了，痛苦是生命中的宝贵财富。不过，别人的经历永远都是别人的，如果你不曾经历过痛苦的煎熬，就永远无法明白那些话的真正含义。

破茧成蝶的过程我们都不陌生，如果没有经历过蜕变的痛苦，那么蝴蝶就不能展翅而飞。蜕变是它必经的一个成长过程，在这个过程当中，它或许会经历难以忍受的痛楚，但在那之后，它也能看到最美的自己。

没有经历痛苦的磨砺，我们无法获得新生。就像凤凰浴火重生一般，眼光放得长远一些，我们才能吞下眼前的苦楚。

美国心理卫生专家指出："有十分幸福童年的人常有不幸的成年。"中国有一句谚语："穷人的孩子早当家。"两句话其实有异曲同工之妙。都透露出这样一个道理：经历过煎熬才能有所建树，吃不了苦只能被优胜劣汰的生活打败。

人类总是理所当然地认为自己比动物聪明，但是动物生存的智慧，却常常值得我们人类学习，比如长颈鹿。

小长颈鹿出生后，它的妈妈不会像其他动物那样，立即舔净它身上的羊水或其他东西，而是低头仔细弄清楚它掉落的位置。大约一分钟后，长颈鹿妈妈会做出一件让人意想不到的事情，就是抬起壮实的长腿，踢向自己的孩子，让它在翻了一个跟斗后，将四肢摊开。如果小长颈鹿不能站起身，长颈鹿妈妈会不断重复这个粗暴的动作。

为了不再挨踢，小长颈鹿会努力着站起来，但毕竟是新生儿，它会因为力气不够而停止努力。此时，长颈鹿妈妈会毫不留情地再次踢向它，迫使它继续努力，直到它终于颤抖着双腿站起身来。然而，在这个时候，长颈鹿妈妈会再次做出惊人之举——又一次把小长颈鹿踢倒！

为什么长颈鹿妈妈会对自己的孩子做出如此残忍的事情呢？原因就在于，它爱自己的孩子，它要让小长颈鹿记住自己是怎么站起来的。在危机四伏的荒野中，狮子、猎豹、土狼等食肉动物都喜欢猎食小长颈鹿，小长颈鹿只有学会以最快的速度站起来，才能避免自己与鹿群脱离，才能保证不让自己成为"猎手"们的口中之食。

长颈鹿妈妈的残酷行为，恰恰是对孩子的保护，如果它不"残忍"，小长颈鹿就不能很快地站起来，站不起来，等待它的就可能是灭顶之灾。

以上片段是《动物园观察》中的一段内容，小长颈鹿一出生就被妈妈踢打，是件很委屈、很痛苦的事，但若不经历这种委屈和痛苦，就无法在大自然中生存。这段文字告诉我们，经历过煎熬才能成长，安逸的生活会让我们在挑战来临时快速地被打败。

青松受尽风吹雨打，最后苗壮生长于苍山之上，温室里的花朵灼灼其华，却因为被保护得太好而异常娇嫩柔弱，它们一旦失去良好的生存环境，就会迅速枯萎、凋零。所以，我们要主动去经历煎熬，让痛苦和委屈成为帮助自己蜕变的动力。

扛得住，世界就是你的

不幸的生活会让人感到委屈和沮丧，但委屈和沮丧之后，不要忘记努力地去和不幸抗争。不管怎样，我们要认清楚这样一个真理：无论生活是公平的还是不公平的，我们都要坚持自己给自己公平。是的，没有人能解救我们，真正能把我们从不幸中解救出来的只有自己。正所谓自救者，天助之，我们要努力地从命运的嘴中夺取幸福。

不要高估不幸的杀伤力，也不要低估自己的承受力。很多时候，我们的承受力远远超出我们的想象。在充满苦难的生命中，没有过去的坎儿，只有过不去的心。如果你能抱定一颗永不放弃的心，你就一定会过上幸福的日子。

那些将不幸打败，并最终走向平坦大道的人会告诉你：不幸并没有那么难以打败，只要在不幸中坚持对美好生活的向往，学会坚强，那么我们终会脱离困境，将自己解救出来。

约翰出生于一个非常贫寒的家庭，他的父亲曾经做过面包师和麦芽制作工，因生意被人挤垮而发了疯。那时候的约翰还是个孩子，面对突如其来的不幸，他感到很委屈、很无助，但并没有因此而堕落。

小小年纪，约翰就去叔叔家的酒店干活了，他像个大人一样，帮着伙计装酒、上瓶塞、储存葡萄酒。辛辛苦苦干了五年活后，他突然被他叔叔逐出门。兜里只有几个硬币的他，硬生生熬过了七个漂泊不定的年头。

孤苦伶仃，没有任何依靠的约翰，在他人生中最青葱的年华里，经历了种种委屈。没有人能够帮他，能够帮助他的只有自己。被叔叔赶出门后，他没钱坐车，便徒步走到了巴恩，在那里找到了一份擦鞋的工作，赚了些路费后，他又去了大城市伦敦。

在伦敦，他身无分文，衣服也是破烂不堪的，根本无法保暖。后来，被饿得面色发紫的他终于在伦敦酒店找到一份管酒窖的工作。工作很辛苦，每天要从早上 7 点工作到晚上 11 点，并且要一直闷在漆黑的酒窖里。长时间过度地劳累影响了约翰的健康，但他并没有因此就懒下来。为了摆脱穷困的命运，约翰一有时间就读书写字，由于他住的地方十分寒冷，他又没钱买炉子，所以一到晚上就不得不蜷缩在被子里看书。

后来，他开始从事律师的工作，这份工作相对轻闲些，工资也比以前高。他在工作之余，会抽空去逛书摊，如果买不起书，就站在那里看，这种方法使他积累了很多知识。又过了几年，他换了一家律师事务所，工资也涨了些，但他仍然坚持看书，并尝试写作，最后终于成了当地小有名气的作家。

约翰的人生给他加诸了很多苦难，对于一个普通人来说，这些苦难是至死都难以愈合的伤，但是坚强的约翰却用自己的坚强和勇敢战胜了伤痛，将人生的画卷绘制得多姿多彩。试想一下，如果把他的命运安排在我们身上，也许我们早就在无情的生活中丧命或是堕落了。约翰值得我们敬佩的地方就在于，他的每一次成长，每一个收获，都是从无情的命运嘴中抢过来的，上天没有赐予他好的出身，好的家庭，但给了他坚强的意志以及不认输的倔强个性，这足以让他受益一生。

可以说，每一个正享受生活甘甜的人，其幸福都是从命运嘴里抢过来的。只不过，不是所有人都能用坚强的意志和勤奋的劳作帮自己摆脱多舛命运的折磨。一个人如果什么都不做，就举起双手向命运投降，那么不幸带给他的就只能是屈辱和不堪。

　　巴尔扎克说过，"不幸对于懦夫是万丈深渊"。在这个世界上，没有人想做懦夫，但很遗憾，因为实力不济、意志力不坚定，懦夫总是层出不穷。懦弱使他们一次次掉进万丈深渊，轻则受伤，重则万劫不复。

　　正在苦难中煎熬的你，是做勇往直前的勇者，还是退缩不前的懦夫？现在不勇敢，更待何时？懦夫容易做，只不过，一旦做了，就注定一辈子无法从不幸的泥淖中走出来。做勇者虽然苦些、累些，但只要咬牙坚持一下，就能亲手改变自己的命运，让自己获得幸福。

Part 8

生命不能重来
每一次都是最后一次

我们能改变过程，却无法更改结局。发生过的事，每个人都只能接受，只要过去就再也不能回头。与其为过去遗憾，不如把未来过得更好。搁笔待写的空白，需要我们加倍努力。

那些都已经过去了

做人应该懂得放弃烦恼和忧伤，以一种开朗的心态去面对新的生活。我们无须沉湎于对过去的回忆中，对于过去的忧伤应该懂得忘记。

1954 年世界杯的时候，几乎所有的巴西人都认为他们的球队能够再一次带回一座金灿灿的大力神杯，但是在半决赛的时候，巴西队却意外地输给了法国队，他们的这次世界杯之旅就此结束。所有的巴西队球员都知道，足球就是他们国家的灵魂，输了比赛他们自己也非常懊恼，他们也明白他们会遭受到球迷的辱骂、嘲笑甚至是殴打。

巴西队球员们怀着忐忑的心情回国了，在进入巴西领空的时候他们更加不安，他们就像是热锅上的蚂蚁一样。可是，当他们降落到首都机场的时候，他们看到的景象让他们惊呆了。他们看到两万名球迷和总统一起默默等待着他们的到来，而且人群中还有一条横幅，上面写着："那些都已经过去了。"看到这些之后球员们泪流满面，而他们也能够正视这件事情了。

四年之后的 1958 年世界杯上，巴西足球队没有再次辜负球迷们的愿望，他们赢了世界杯冠军。这一次当巴西足球队进入巴西领空的时候，有 16 架喷气式战斗机在为他们护航，而当飞机降落之后，机场上欢迎的人群有三万人之多，而从机场到首都广场的这一段路上，总共聚集了超过 100 万的欢迎人群。而此时他们同样看到了在人群中有一条横幅，上面写着："那些都已经过去了。"

人之所以被称为世界上最聪明的动物，就是因为人能够在情绪方面对自己进行调节，有选择地去记住一些不愉快。所以，人能够及时地从那些不愉快、对自己心情有影响的事情中解脱出来。

那些过去的事情都只不过是人生长河中的几滴水，我们最应该做的不是去抱怨，更不是去怨恨，我们应该积极忘记昨天，勇敢面对明天。

有这样一个故事。

有一位老人购买了一个美丽的花瓶，于是他将这个花瓶捆好后背着回家了，但是在半路上花瓶还是掉了下来，摔碎了。老人头也没有回，直接往前走。此时有一个过路的少年看到之后，对老人说："难道您不知道花瓶摔碎了吗？"

老人则回答说："我当然知道啊。"

少年又说："那么你为什么不回头看呢？"

老人说："既然已经碎了，那看它还有什么用呢？"

其实，这和"覆水难收"是一个道理，既然水已经泼出去了，已经没有办法挽回了，不管你表现得多么不情愿，都改变不了已经发生的事情。人生路上发生的很多事情也是不可逆转的，任何事情都不可能重新来过。不管你是多么虔诚地沉浸于过去的回忆中，事情终究无法改变。既然无法改变，那么我们只能坦然接受，我们不要因为过去的事情而耿耿于怀，更不能因为过去的事情而影响到现在，只有这样我们的人生才能够圆满和快乐。

不要让今天成为明天的遗憾

我们不要做出让自己后悔的事情。一件事情既然选择了去做，那么就不要后悔；如果预测到自己之后会后悔，那么最开始就不要去做。

很多人在经受了一番挫折之后，就无法重新振作起来了。虽然人们都知道在什么地方跌倒就要在什么地方站起来，不要让别人看自己的笑话，但是要想做到并不是一件简单的事情。其实我们应该明白事情过去了就不要再去想，不要让自己后悔。如果真的想要将之前的事情进行弥补，那么就想办法去弥补，尽力将之前的事情做到更好。

任何事情，既然决定去做了，就要认真去做，世界上没有后悔药让我们吃。一旦下定了决心去做一件事情，就要放手去做，努力去做，一步一个脚印地认真去做。

王大爷住在上海的郊区，他的身体一向很好，但是突然之间得了一场大病，主要是耳朵和眼睛有一点问题。其实王大爷对自己的病情非常了解，本来他应该尽早去治疗，但是他却一直在征求孩子们的意见，而他的老伴儿则说："有病了就去治，不要耽搁了时间。"但是他的儿子却说："就算是治疗了也不一定痊愈，治疗不好的话很有可能出现耳聋眼瞎的毛病。"女儿则说："要不我们再观察几天，再作定夺。"就这样他们商量了半个月，结果王大爷的病情加重了，医生检查之后责怪他应该尽早来治疗的。医生还说："本来只是一个小病，及时治疗一下是可以痊愈的，但是现在耽搁了治疗时间，恐怕要遭罪了，而且很有可能无法完全根治。"听到医生的话之后，王大爷非常后悔，不但不能痊愈，而且还要遭受病痛的折磨了。

其实，做任何事情都需要自己去想办法、拿主意，不管自己的选择给自己带来的结果是好还是坏，只要选择了就不要后悔，让自己做自己生活的主角。而在我们举棋不定的时候，别人可以给我们建议，我们可以虚心接受别人的建议，但是最终的决策权还是在自己手里，我们不能因为别人的意见而影响了自己的判断力。如果一件事情自己拿不准的话就等一等，等到时机更为成熟的时候再去做，不过在等待的过程中一定要注意"度"的把握。

另外，我们还需要对我们现在所拥有的东西常怀一种感恩的心态，我们要懂得珍惜眼前的一切，不要让今天成为明天的遗憾。我们可以从之前的过错中找到真谛，找到自己可以改变的地方，但是不要只是后悔而不付诸任何实质的行动。

到底是听从命运的安排，还是去努力改变命运，虽然只是一念之间的事情，但是最终的决定权在自己的手中，做出了决定就不要后悔。同时要懂得把握当下的幸福，不要让过去的悲伤一直延续到今天的美好生活中。

把第一次当作
最后一次

　　上天是公平的，同时也是慷慨的，其会给一个人赐予多次机会，但是其也不会给一个人赐予太多的机会。所以这就需要我们认真对待每一次机会，倘若第一次没有把握好，那么第二次机会来临的时候，一定要把握住。的确，机会不会一直停留在那里等待着我们，所以我们要懂得珍惜。

　　我们来看一个真实的故事。

　　曾经有一个普通的伐木工人叫巴尼·罗勃格，他每天都要去一个人迹罕至的森林里伐木，他走进森林之后就会开始自己全新的一天。

　　有一天，巴尼·罗勃格和往常一样走进森林开始砍伐。他的电锯将一棵粗大的松树锯倒了，但是树干却朝着他的方向倒下来，他的右腿被重重地压在了树干下面，他疼得晕了过去。不知道过了多久，他才醒过来，他知道现在没有人能够救自己，他需要保持清醒，要知道这里是一个人迹罕至的森林。

　　巴尼·罗勃格想要将自己的腿从树干下面抽出来，但是树干实在是太重了，他根本无法做到这一点。于是，他抡起斧头想要将树砍断，但是砍了几下之后，斧头的柄居然折断了。于是他又拿起电锯想要锯断树木，但是倒下来的松树是呈 45 度的，巨大的压力很有可能将电锯条卡住。如果电锯再出现了问题，那么等待他的恐怕就只有死亡了。

现在，巴尼·罗勃格唯一能够依靠的就是电锯了，这是他逃生的唯一一次机会。他看了看自己的腿，想想现在唯一能做的就是截肢了，于是他狠下心来，拿起电锯朝着自己的右腿开始锯了起来。

巴尼·罗勃格锯完腿之后，忍着巨大的疼痛给自己做了一个简单的包扎，然后决定爬回去。要知道这是多么艰辛的一段路，他在这个过程中一次次地昏倒，之后又一次次苏醒过来。终于，他遇到了另外一个在其他森林里面伐木的同伴，当看到同伴的那一刻他就晕过去了。同伴赶紧将他送到了医院里。

如果在这个人迹罕至的森林中等待，那么等于是将自己送给了死神。巴尼·罗勃格并没有这样做，他积极把握机会，终于自己拯救了自己。

在这个世界上，不仅生命只有一次，有的时候机会也很难得，如果不认真把握，那么等于是我们自己放弃了主动权。而且我们很多时候并不像巴尼·罗勃格一样处于生命危险之中，因为这种原因，所以很多人就会松懈下来，他们会认为错过了这次机会没有关系，但是他们已经忽视了他们是第几次有这种想法了。

如果今天的作业没有完成，那还有明天；如果这一次比赛没有取得好成绩，那么还有下一次……我们总是千方百计给自己找借口，总是认为还有"下一次"，正是因为有了这样的借口，我们才会堂而皇之地不珍惜机会。可是，即便是真的有下一次机会，我们是不是也不会重视和把握呢？

像"下一次"这样的词语总是会出现在我们的工作和生活中，很多下属会向自己的上司信誓旦旦地说："这次的工作没有做好，等到下一次我会更加努力的。"而且一旦下一次没有取得好成绩，就又会说："再给我一次机会，等到下一次……"

很多人当前的事情没有做好，总是将所有的希望都寄予下一次上，而下一次又不知道珍惜。生活中这样的人不在少数，有多少人能够躲开"下一次"这个问题呢？

机会不会一直等着我们，上天也不会只去眷顾某一个人，如果失去了一次机会，那么很有可能失去下一次机会。而机会总是稍纵即逝的，一旦失去就不会再重新来过。

　　曾经有一位著名的演员酒后驾车，结果发生了意外，最终离开了人世。家人在公开信中写道："他错了，他一生做事都很谨慎，但是这一次的确是错了，而他犯下的唯一的错误，就给他带来了终生遗憾，也给家人和喜欢他的影迷带来了悲伤。我们现在代表他向大家道歉，为他不负责任的行为向大家道歉，并且希望所有的司机朋友都能够以此为戒。"

　　在上面的这段话中，我们可以看到这个演员没有下一次的机会了，他这一次没有做好，那么就不会有下一次，这个时候祈求任何人都没有用。虽然不是所有情况都可以夺去生命，但机会一旦溜走，就会给我们带来损失。

　　懂得珍惜机会对所有的人都很重要，就算是一个优秀的人才，同样需要把握机会、重视机会，如果无法做到这一点，他的才能就找不到发挥的地方，自然就无法成功了。

　　社会中有很多机会，而我们唯一要做的就是要懂得珍惜。珍惜了机会才能够把握机会，这是一个简单的道理。如果我们总是将希望寄托于下一次，那么就表明我们是一个自欺欺人的人。

　　不管是生活还是工作，虽然我们很有可能有下一次的机会，但是如果不重视这一次，很有可能下一次机会来临的时候你也不懂得去把握，更何况下一次的机会什么时候来，谁也不知道。所以我们首先要做的就是重视眼前的机会。

遗失的美好
现在，是不能

看到现在的真实面目，对我们的工作会有现实的指导意义。一个人应该懂得先过好现在，然后再去憧憬未来。

牛晓健和他的女朋友月华相处已经有一段时间了，他们相亲相爱，是朋友圈中值得人们羡慕的一对。但是令人没有想到的是，月华在前不久告诉所有的朋友，她和牛晓健分手了。这个消息让所有人都大吃一惊，他们不知道到底发生了什么。后来月华非常伤心地对他们说："牛晓健在一家外企工作，现在这家企业在温哥华开了一个分公司，所以总部希望牛晓健能够过去深造一段时间，等到回国之后就会给予他一个不错的位置。这对于牛晓健的前途来说是一件非常好的事情，于是他就同意了。"月华接着讲道，"以前我们两个总是在一起，形影不离，现在他走了，就剩下我一个人。虽然牛晓健一直在给我打电话，然后憧憬未来的生活是多么美好，但是毕竟现在我们过得不幸福。就算是生病了也要我自己一个人面对，所以我等不下去了，就提出了分手。"

朋友们也和远在温哥华的牛晓健通了电话，他默认了月华的观点。在温哥华的牛晓健也非常疲惫，每天下班之后都是一个人默默回家，就算是未来有多么地美好，但是现在他感觉不到幸福，未来的生活都是一片虚无。其实爱情的意义并不在于能够畅享永恒，关键是能够在一起过得幸福。

很多人都认为："等到我有什么什么了，就会变得很幸福。"他们的这种思维让自己备受煎熬。其实如果不能够过好眼前的生活，那么再美好的未来都无济于事。我们需要把握好现在，未来只不过是一个憧憬，不具有真实感。如果我们陷入了对未来的无限遐想中，那么我们就会忽视现在的幸福，而美好的未来甚至也会因为这种忽视而不复存在。

一位哲学家曾经说过："把每天都想象成这是你的最后一天，你不盼望的明天将会显得珍贵与欢喜。"我们需要珍惜眼前的一切，而这样我们才能够拥有幸福，才能够期待更美好的未来。

人们通过仔细观察会发现，在人生的每一个阶段我们都会同时拥有很多东西，如果我们懂得珍惜眼前的这一切，那么就会拥有幸福的感觉。时间其实是上天送给每一个人的公平的财富，我们要懂得合理利用它。如果我们懂得珍惜时间，懂得在时间中积累知识，那么我们就会有很大的收获。

我们眼前的这一切其实承载着很多东西，甚至还连接着未来，是最为可靠的东西。所以我们要抓住当下，懂得珍惜现在，只有这样才能够纠正以往的过错，才能够从以往的失败中汲取经验，最终创造出美好的未来。所以，我们不要被未来所囚禁，更不能在对未来的憧憬中迷失自己，其实最值得珍惜的幸福一直在我们身边。

一个懂得珍惜现在的人才会拥有幸福和希望。

有一位著名的哲学家，长相非常俊俏，气质非常高雅，他受到了很多女孩子的崇拜和敬仰。

有一天，一位大家闺秀来拜访他，并且向他表达了爱意。女孩子对他说："如果你今天错过了我，那么你再也找不到比我更爱你的人了。"虽然哲学家当时很喜欢这位美女，但是他还是说："既然这样就让我考虑考虑吧。"女孩子听到这句话之后就离开了。而等到女孩子走了之后，哲学家就陷入了沉思之中，他将自己和这位女孩子结婚的利弊全部都罗列了出来，并且进行了详细的比较。在几天之后他终于得到了结果，那就是他应该和这位女孩子结婚。

于是哲学家带着丰厚的彩礼到女孩子家中来提亲，而女孩的父亲却说："你来得有点晚了，我的女儿已经嫁给了别人。"哲学家听完这句话之后呆若木鸡，他没有想到正是因为自己对未来的不断斟酌，或者说他的迟疑，让他断送了一门非常好的亲事。而此时他也终于明白了一个道理，一个人只有懂得把握当下的幸福，才能够拥有真正的幸福。

在我们的身边有很多"哲学家"这样的人，他们有很多计划，也会对自己的未来进行严格的规划，但是他们却不懂得把握当下，所以导致最重要的东西从他们的身边溜走。一个人如果处于寒冷的冬季中，那么他就渴望夏天的到来。同样如果一个人处于闷热的夏季中，那他就渴望凉爽的天气。虽然这是人之常情，但是如果只是一味地在期望，那么就会丧失很多幸福。

我们没有办法控制未来，未来会怎样我们不得而知，如果我们只是将精力放在对未来的猜测和揣度上，而忽视了现在的感受，那么我们终将无法拥有幸福。就好比一个登山的人，登上山顶是他的目的，而如果他忽视了登山过程中需要一步一个脚印，那么他就无法到达峰顶。

人生没有撒不开的手

我们时常觉得时间过得很慢，我们的人生很漫长，但是仔细算一算，我们的人生不过只有几十年的光景。在几十年的时间当中，我们都在做什么呢？每天劳碌着，为了生活，为了梦想。那我们的心中想的又是什么呢？受过的挫折，背叛过自己的人，还是那些无法言说的悲伤？

但是将有限的生命分给这些是不是有点太不值得了？有限的人生要有意义地过，才不枉生为人。该放手当放手，可以记得，但要放下，因为就连我们本身，都只是这个世界的过客而已。

一位禅师在山间散步，一个中年人坐在别墅前画画，看到禅师，中年人礼貌地请他进去喝茶谈天。中年人说："出家人一无所有，走到哪里，都是过客，虽然洒脱，到底清冷了些。"

禅师想了想，问："这栋别墅现在的主人是你，对吗？"

"是啊，我在这里住了 40 年了。"中年人说。

"那么它以前的主人是谁？"

"我的父亲。"

"再以前呢？"

"我的祖父。"

"如果你去世了，这栋别墅属于谁？"

"当然是我的儿子。"

禅师微笑着说："所以，这栋别墅终究也不是属于你的，早晚有一天会是别人的，你和我有什么不同？都是这栋别墅的过客而已。"

中年人的别墅想必很舒适，让他很骄傲，并因此同情过路的禅师。但禅师告诉他，他们都是过客，没有什么不同。相对于漫长的时间，谁不是过客？那种拥有能够多长久？就算拼尽全力去抓住一样心爱的东西，又能抓多久？

既然抓不住，那放下原本就不长久的东西，又有什么好为难的？美好的回忆、心爱的东西都可以放下，伤心失落、痛苦难过又有什么放不下的？这本就是我们前进路上应该要抛弃的东西。

没有什么能够永远光鲜亮丽，迟早都会变得陈旧，痛苦也是一样。没有什么能够抵御时间的魔力，既然早晚都要扔掉它，为什么不早一些抛掉包袱，还自己一个自由呢？

拿得起，放得下，这是一种洒脱的智慧。人们都说佛有智慧，这智慧其实就是别人在贪恋人世各种诱惑的时候，佛能够抽身，能够放下。我们只不过是普通人，正值追逐的年龄，要我们放下那些诱惑似乎有些困难。那么，我们不如放下过去的挫折，放下苦痛，这样我们才有更多的精力分给未来。

我们的人生并不只是一条大路，其间有很多岔路口，我们时常面临着选择，选择也意味着放弃。

人生没有过不去的坎儿，也没有撒不开的手。我们该有这样一种悟性：没选择的，就是与自己无关的，是好是坏，都在自己的生活之外。自己需要做的是珍惜来之不易的选择，让自己做到最后，唯有如此，才不会给自己后悔的机会，生命才是一条上升的曲线。

错过，是另一种成就

人生中一些极美极珍贵的东西总是转瞬即逝的，常常与我们失之交臂，令我们痛心不已！为此，遇到极美极珍贵的东西时，我们都会苦苦地追求，拼命地珍惜，不愿错过，不甘错过。但是，幸福就是拥有所有的美好吗？如果你也这样想，那你对幸福的理解就太狭隘了。

是的，每个人的人生都是一直向前走的，在旅途中我们会看到许许多多的美景，同时也会错过一些美景，毕竟我们的视野、时间和精力等都是有限的。如果不肯错过所有景色，不想留一丝遗憾，并为此殚精竭虑，费尽心机，那么很可能令身心疲惫不堪，错过前方更迷人的景色。

更何况，人生总是有得有失，有成有败，"失之东隅，收之桑榆"，"塞翁失马，焉知非福"，已经错过了就放过吧，也许得到它并不是最明智的选择，有时候正因为错过了，我们才多了一次其他的机会，而这个机会或许会变成我们最完美的期待，让我们拥有意想不到的收获，错过不是遗憾……

生活总是有得有失，错过了一些东西，只能证明那些不属于我们，一味在心中纠结于事无补，一味追求则会付出更多的代价。既然如此，不如大气一点，忘怀错过，舍弃错过，从错过的失落中思索并找到自我生命的价值，只要你的眼睛和心灵始终在寻找，幸福很快就会来到。

生活其实很简单，幸福其实很广泛，错过也是另一种幸福。昙花错过了与白天的相聚时光，选择在黑夜中绽放它的光彩，于是就有了黑夜里蓦然出现的一方娇艳；梅花错过了与春天的温馨约会后，选择在凛冽的寒风中开放，于是就有了在冰天雪地里一株灿然开放的孤高身影……

错过，不是失去，而是另一种意义上的得。

葡萄牙航海家斐迪南·麦哲伦，他一直想寻找香料群岛，即东印度盛产香料的马鲁古群岛，但船队的航线向北偏了十度，如果向南偏十度，即可到达坐落于赤道线上的马鲁古群岛。错误的方向，使麦哲伦永远错过了马鲁古群岛，但他却用实践证明了地球是一个球体，无论你向东还是向西，只要你一直走，就会回到起点，这是人类历史上的伟大发现。

错过并不一定是遗憾，有时甚至可能是圆满。其实，喜欢一样东西不一定非要得到它，错过了也不必为之惋惜，不妨大气地接受这种遗憾，凭着对未来的希望和憧憬，昭示自己奋力前行，去寻找另一个目标，力挽狂澜于既倒，把人生的风景翻到更美的一页。

　　有了今天就会有明天，明天也许会是全新的开始，明天也很有可能是痛苦的延续，关键是看你是抱着怎样的心态去面对。其实每一个明天都是全新的一天，我们需要把握明天，看到明天美好的一面，然后积极地去面对，或许你明天经历的就是最为美妙的过程。

　　很多人都在今天没有过完的时候，就开始考虑明天的事情。其实拥有这种心态的人一般都是对今天不满意的人，他们渴望明天会更好，将所有的希望都寄托在了明天上。

　　但如果明天还是让他不满意，那么他就没有勇气寄希望于后天了；而如果明天还不如今天的话，那么他的信心就会毁灭，所有的勇气就会丧失，或许他会将希望寄托在后天上，但更有可能是他放弃了希望。

　　不同的人在面对明天的时候会有不同的态度。有些人他们在今天看到了希望，那么他们就会变得很兴奋，所以会积极面对明天；有些人在今天感觉到了失意，所以他们害怕明天的到来。但是明天终究会来，今天之前的所有经历，其实是在帮助人们积累经验和教训，而这些教训能够让人们变得更加冷静、清醒，能够正确面对明天。

　　明天肯定会比今天更好，但这需要每一个人依靠自己的力量去努力和创造，而不是一味等待，而那些伟大的人就是明天的先行者。

人类在不断地进化中得到发展，但是明天不存在于幻想中，更不是等待就可以获得的，只有在坚持中明天的曙光才会慢慢降临。

不过生活中一些心胸不够宽广的人总是不懂得退让，他们看不到明天，认为前面没有方向，认为自己会被黑暗所吞噬，他们无法展望明天的美好，总是喜欢躲在阴暗的角落里，用自己的眼光狭隘地看待这个世界。

脆弱的人会沉沦于过去的失落中，他们不懂得抛开烦恼，更没有心情去体味生活的美好，他们会为自己的失意寻找借口，然后在不断自责中耗费掉自己所有的青春活力。其实人生大可不必这样活着，只要能够打开自己心中的枷锁，尝试着让自己换一个活法，那么美好就会随之而来。

生命是值得珍惜的，要相信明天的美好。虽然现在有太多的风风雨雨，但是不要惧怕这些，时间可以抚平生命中的所有不快乐。昨天的故事虽然值得回忆，也很难舍去，甚至有很多无奈，但是昨天的记忆能够成为我们奋发的理由，坚持之后就能够看到明天的太阳。

其实人生中昨天和今天的经历都是命运给我们的磨炼。磨炼能够将我们身上的凹凸不平磨去，然后让我们成为一颗明珠。虽然这种磨炼可能让人筋疲力尽，甚至会让人发出悲鸣，但是只要你坚持用自己的双脚走出一段新的旅程，然后再回过头看这些带着汗水甚至血的脚印时，我们就会发现值得我们欢笑的东西太多太多了，这些远大于我们的付出。也正是因为我们有了昨天和今天真切的哭以及明天开怀的笑，我们的生命才充满了美丽的光彩。我们的生活还在继续，而遗忘和期待都还在继续，所以我们不能丢下我们的信念，要相信明天的美好。

未来的日子中充满着机遇和挑战，甚至是诱惑。当一切的浮华都随着岁月的变更而消失的时候，在岁月的长河中，你的生活也会随之流动，你要坚定一个信念：明天一定会更好。

花开堪折
直须折

"等到我工作稳定以后，我就买几件漂亮衣服，现在买有些太破费了"；

"等我结婚之后，我就可以松口气，来场国外旅行啦"；

"等我升职之后，我会准备一顿美餐，好好犒劳自己"；

......

人们似乎都很愿意牺牲当下，去换取未知的等待；牺牲今生今世的辛苦钱和时间，去购买后世的安逸。殊不知，人生是由时间构成的，而时间是无法储存、无法珍藏的。人生错过了，也就错过了，失去的便永远不再回来。

从前有一个富翁，他家地窖里珍藏着很多葡萄酒，其中一坛品质上乘、历史悠久，被深埋于地下，这只有他知道。州府的总督登门拜访，富翁提醒自己："不，不能开启那坛酒，这酒不能仅为一个总督启封。"国王来访，和他同进晚餐，但他想："国王不懂这坛酒的价值，喝这种酒过分奢侈了。"甚至在他儿子结婚那天，他还自忖道："不行，不能拿出这坛酒，要等待最重要的时刻才可以。"

随着时间的流逝，富翁地窖里的葡萄酒被喝了一坛又一坛，唯独那坛葡萄酒没有人动过。有一天富翁死了，下葬那天地窖里所有的酒坛都被搬了出来，除了那一坛陈年老酒，因为没有人知道它埋在哪儿。就这样，这坛酒依然被深埋在地下，一年又一年，再也没有人知道它的味道有多醇香……

看到了吧，美好的东西不及时享用它，便是一种糟蹋。将希望寄予等到方便的时间才享受，我们不知会错过生命中多少美好的东西，失去多少可能的幸福，这就像没有在最适当的时候去做适当的事情，想起来，都是一种遗憾。

还记得一首名为《我要去桂林》的流行歌曲吗？"我想去桂林呀，我想去桂林，可是有了钱的时候我却没时间……"口袋没钱的时候，我们有的是时间，可一旦口袋里装满了钞票，时间又没有了，也许这就是很多人无法遂愿的主要原因吧！其实这也完全是我们生活的真实写照。

或是因为太过珍贵，或是因为有重大纪念意义，人生中有些东西值得珍藏，但有时候及时"消耗"，反而比珍藏更有意义。譬如，一瓶好酒，和家人、朋友坐在一起品尝它，大家一起津津乐道地赞美它的醇香与它的美妙，远远要比把它独自藏起来好，更能给生活添加光彩。

人生就像是一张支票，是有期限的。很多东西生不带来死不带去，如果不在规定的期限内用尽，你将再也没有机会了。与其等着死后白白地浪费掉，还不如现在开开心心地享受一把。生命只在一瞬间，花开堪折直须折。美好的东西只有在用的时候，才能更见其光华。

人生苦短，不要想得太多，想做就做，想吃就吃，想爱就爱，学会及时采撷生命意义的花朵，及时享受身边的美好事物吧。这样，我们就会觉得生活的美好，生命的可留念。在有生之年，我们可以很满足地对所有人说：我努力过，我也享受过，我的人生没有遗憾。

知足者常乐

人总是有太多的愿望，但是又无法一一实现。因为当你第一个愿望得以实现之后，你就会迅速有了第二个、第三个愿望，而且实现的难度越来越大。其实世界上的幸福是相对的，没有绝对的幸福，我们在面对一个个愿望的时候，要把握一个"度"，要知道"知足者"才能够"常乐"。

心态是一个人对不同的事物做出的不同反应，一般情况下这种心态可以分为两种，一种是积极的，另一种则是消极的。积极的人能够快乐地面对一切，做事情也能够事半功倍；而消极的人只能整天唉声叹气，做事情也是事倍功半。

很早以前，在一个小村庄中有兄弟两人，他们想要穿过沙漠，寻找一片绿洲。他们打听到在沙漠的中间有一座破庙，庙里面有一口井，可以为远足的人提供一些淡水，但是很奇怪那里只能给每个人提供半桶水。在一年的夏天，他们两个人决定一起去寻找沙漠外边的绿洲。他们各自开始准备，然后先后出发了，开始了他们绿洲探索的壮举。

虽然兄弟两人抱着同样的目的出发了，但是他们的境遇却各有不同。

哥哥还没有走到破庙的时候水就喝完了，他很容易找到了那口井，但是他只能打来半桶水。他就开始抱怨，他抱怨为什么只能打来半桶水，就在他抱怨的时候，一股风将一些沙子吹进了桶里面，他又开始抱怨："水中有沙子还怎么喝呢?"就在此时更大的风来了,把他手中的水桶吹翻了,就连这半桶水他都没有办法喝了。后来哥哥死在了前面的沙漠里。

弟弟走到破庙的时候水也喝完了,显得筋疲力尽,于是他挣扎着找到了那口井,然后打来了半桶水,随即他端起桶一饮而尽,然后非常感激地跪在地上感谢上帝,感谢这个建造寺庙、打井的人。过了一会儿起风了,他就躲在破庙里休息。等到风停了之后,他又开始前行。他最终找到了绿洲,建立了自己的家园,过上了幸福的生活。

其实通过兄弟两人的境遇我们可以看到,当遇到问题的时候,抱怨和谩骂都解决不了问题,反而会让问题变得更加糟糕。其实有时候换一个好心情去面对问题,或许会获得更多。我们需要以一个平和的心态去面对生活。

一个拥有平和心态的人,能够将事情看得更开,他们拥有"不以物喜,不以己悲"的豁达心态,所以他们的生活能够变得怡然自得,能够向自己预想的一面去发展。

一个拥有平和心态的人,他能够看到现在面对的一切事物好的一面,所以他们不会盲目憧憬未来,自然也不会活在幻想中,他们会努力做好自己,珍惜眼前的一切。

孔子说"仁者不忧,知者不惑,勇者不惧",很多时候我们需要将自己的心态放平和,做到随遇而安。平和不仅是一种生活态度,其实更是一种人生的境界。我们没有必要去追求看破红尘、与世无争,但是我们却可以做到以平和的心态去面对生活中的烦恼,相信你会减少很多遗憾,活得更快乐一些。

Part 9

路再远，光再暗
也不要停止前进的脚步

逆多顺将至，失久得必来。命运总是悲喜交集、忧乐相拌、苦甜掺杂，正如波谷与涛头、冬凋与夏荣，在交替中演绎壮阔，在转换中成就大美。别在乎一时的拥有，莫沉陷短暂的离愁，命运如同手中的掌纹，无论多么曲折，终究掌握在自己的手中，只要努力，成功就是水到渠成的事。

生活是一场没有备用琴的演奏会

人生就像是一首曲子，中途即便有停歇，但最终还是要演奏完的。不管我们的人生当中有怎样的插曲，都不能影响我们人生的主旋律。在荷兰的阿姆斯特丹有一座建于 15 世纪的老教堂，它的废墟上留有这样一行字："事情既然如此，就不会另有他样。对必然之事，且轻快地加以承受。"语句虽然简短，但是道理却很深刻——有生之年我们势必会遇到许多不快，它们是我们无法选择也无可逃避的，这时我们只能学会接受它们。接受必然发生的事实，好好地把握现在，这是克服任何不幸的第一步。

一次，世界著名的小提琴家欧利·布尔在法国巴黎举行了一场万人瞩目的音乐会。当时欧利·布尔演奏得非常投入，饱含深情，听众们也听得很入神，不料突然发生了意外状况：一首曲子还未演奏完，小提琴上的 A 弦却断了。

面对突如其来的意外，周围的人异常紧张，他们不知道欧利·布尔该如何"收场"。如果处理得不好，就可能影响到整场音乐会，甚至影响到欧利·布尔日后的音乐生涯。就在"知情人"焦虑和观望的时候，欧利·布尔却丝毫没有在意那根断了的 A 弦，他从容不迫地继续演奏下去。

当欧利·布尔演奏完毕后，整个音乐厅回响着热烈的掌声。后来，有记者采访欧利·布尔时问及此事，欧利·布尔淡淡一笑，回答道："要不然怎样呢？难道我就不继续演奏了。这就是生活，如果你的 A 弦断了，就用其他三根弦把曲子演奏完。"

A 弦断了，这对任何一个小提琴手来说都是一件糟糕的事。试想，如果欧利·布尔沮丧并自暴自弃地说："完了，我真倒霉，这可怎么拉下去啊！"那么他就真的完了，不仅会影响到音乐会的效果和自己的前程，而且还会陷入抱怨和诅咒命运的怪圈，自卑自怜地度过一生，成为一个懦夫和失败者。

不管什么时候，无论在什么场合，发生了怎样尴尬或难以解决的事，不要抗拒，不要逃避，学着面对它，接受它，然后想办法去改变它，而不是随波逐流，任由事态肆意发展，那么此时也就是不幸开始离去之时。正如美国一位大学院长所说："如果一个人能够把时间花在以一种很超然很客观的态度去看待既定事实的话，他的忧虑就会在知识的光芒下，消失得无影无踪。"

其实，人生当中的很多"办不到"都是我们自己设定的。不管什么困难，只要我们认定能够走过去，那么终会过去；如果我们就此停止，那么困难就会永远横在我们眼前。事实上，我们拥有的潜力要远远大于我们的想象，其实我们并没有那么脆弱。只要有一份坚持——等待困难过去的坚持，那么我们的人生便会与众不同，更会绚丽多彩。

当我们无法躲避命运的安排时，学会接受，即便是伤害，我们也可以用自己的力量让它愈合。没有时间治愈不了的疮疤，即便有痕迹，但并不会影响我们的人生，反而是岁月留给我们的宝贵经历，是我们战胜生活的证明。

不管眼前有怎样的困境，是什么伤痛袭击了我们，人生终要继续，我们的青葱岁月仍旧青葱。未来的我们还有希望，还有大好的时光，学着接受，学着改变，才能学会成熟，走向另一个人生阶段，演奏出完美的乐章。

没有盼不到的春天

浪漫主义派诗人雪莱说："冬天过去了，春天还会远吗？"大自然是非常奇妙的，它无时无刻不在运动当中，季节是轮回的，周而复始，生生不息。

没有什么是静止的，人生亦是如此。人生和大自然一样，有些时候，我们运气好得就连做梦都会笑醒；可有些时候，我们也会被接连而至的苦痛折磨得身心俱损。

青春是张狂的，同时也是淡然的，人生无常，苦痛常在，这是不可破解的循环，只要我们还活着，就会有快乐，亦会有悲伤。但是要相信，没有什么过不去的坎儿，何况，我们还年轻。

她是一位普通的农村妇女，可她的人生却像一本厚重的书。

18 岁时，她结婚了。26 岁时，她赶上日本侵略者在农村进行大扫荡。为了生存，她带着两个女儿和一个儿子东躲西藏。村里很多人受不了这种暗无天日的折磨，想到了自尽，她得知后总是劝慰别人说："别这样啊，没有过不去的坎儿，日本鬼子不会永远这么猖狂的。"

终于，她盼到了日本侵略者被赶出中国的那天。可是她的儿子却在炮火连天的岁月里，因为缺吃少喝营养不良，最终夭折了。她的丈夫无法接受这个事实，一连在床上躺了几天。她心里也难过，但却流着眼泪说："咱们的命苦啊，可再苦也得过啊！儿子没了，咱们再生一个。"

过了两年，她又生了个儿子。可儿子刚出生不久，丈夫却因病去世了。这对她来说，真的是一个巨大的精神打击。很长时间，她都没回过神来，可最后还是挺过来了，她把三个未成年的孩子揽到自己怀里，说："别怕，娘还在呢，有娘在，谁也不敢欺负你们。"

她一个人拉扯着三个孩子，含辛茹苦，终于看到他们长大成人。两个女儿嫁人了，儿子也娶了媳妇，她逢人就乐呵呵地说："我说吧，人生没有过不去的坎儿，现在的生活多好呀！"

天意弄人，这个命运多舛的女人并没有得到上苍的眷顾。她在照看孙女的时候，不小心摔断了腿。因为年纪大了，做手术的风险太大，就一直没有动手术，只能躺在床上。儿女们都哭了，可她却说："哭什么，我还活着呢。"

行动不便的她，没有一丝抱怨，她坐在炕上，戴着一副老花镜，安安静静地织围巾、绣花，做点手工艺品，邻居们来串门，都说她的手艺好，还纷纷要跟她"拜师学艺"。

就这样，她一直活到了87岁。临终前，她只对儿女们说了一句话："我走了，你们要好好活，人生没有过不去的坎儿……"

就像这个女人说的一样，人生没有过不去的坎儿，只有过不去的心。当人生走入低谷的时候，这并不意味着我们的人生走到了尽头，一切还会重新开始。

其实，我们比自己想象的要坚强许多，不要总把自己想得那么脆弱。我们之所以会感到绝望，是因为经历得太少，也正是因为这样，才有了绚丽的青春。对待任何事都不该那样悲观，人生的悲喜是注定存在的，没有永久的喜，自然也不会有永恒的悲，一切终究都会过去。

为什么不乐观地想一想，面前的低谷或许并没有我们想象中那样可怕，可怕的是我们沉溺在了这种痛苦里，渐渐习惯。当挫折和痛苦来临的时候，笑一笑吧，我们还年轻，我们正值青春，没有过不去的坎儿，没有等不到的人，一切都会过去，人生没有盼不到的春天。

别小看任何人

世界就是这样，希望与失望同在，美好与丑陋并存，我们要学会生活在顺境下，也要学会生活在逆境里。漫长的人生旅途，没有谁能够一路顺风顺水，永远春风得意，也没有谁总是喝凉水都塞牙，一直没有出头之日。得志和失意总是相伴于我们的生命旅程中的，它们时常交错出现，此一时彼一时。

不管是得志之时，还是失意之时，我们都不必让情绪太过激动，得则喜不自胜，失则垂头丧气，这都是不够成熟的表现。只有把心放平，把心放轻，才会有一个好的心境，才能在得志时不忘乎所以，在失意时淡然以对。

一头大象和一只小老鼠相遇了。看到如此渺小的老鼠，大象不屑一顾地甩甩鼻子，流露出鄙夷的神色，阴阳怪气地对小老鼠说："小东西，你居然敢来冒犯我，真是吃了熊心，吞了豹子胆！"

听大象这样说，小老鼠并没有慌张，而是心生一计。它对大象说："尊敬的大象先生，您长得如此高大威猛，真是让人羡慕，看着你那又长又直的鼻子，我真想摸一下。我可以摸一下吗？"

高傲的大象最喜欢听这种恭维的话了，听小老鼠这么说，它很是得意，心里想：没想到这只小老鼠还是很有眼光的嘛！在这种得意的感觉影响之下，大象伸出了自己的长鼻子。小老鼠则顺势爬到了大象的身上。

让大象没想到的是，小老鼠可不仅仅是摸摸它那么简单，而是使出了浑身解数开始折磨大象。它一会儿跳到大象的脖子上挠来挠去，一会儿又在大象的耳朵旁边左拉右拽。为了摆脱这种不舒服，大象只得一个劲地甩着长鼻子，试图把小老鼠给赶下来，可是小老鼠的动作灵活，大象显然不是小老鼠的对手。

才一会儿的工夫，大象就累得气喘吁吁，最后，大象终于缴械投降了。

"四两拨千斤"没想到真的"应验"了，这是不是大象得意忘形惹的祸呢？

我们的人生是分阶段进行的，由每一天组成，我们无法保证每天都过得顺利美好，难免会有伤心失落的时候，但这并不意味着我们的人生是失败的，这只不过是一个阶段、一个经历而已。就像各种竞技比赛一样，没有常胜的队伍，即便输掉一些比赛，但只要赢的次数比较多，这支球队就是一支优秀的球队，球队的一两次失败并不能否定它的成绩。

我们的人生也是一样，即便有时失意，也不能对整个人生失望。即便对于生活来说我们只是一只小老鼠，我们也能通过我们的努力活出精彩的人生。

人生三分天注定，七分靠打拼，既然生活为我们预留了七分的空间，那么为何不去挥洒一番呢？无论得意还是失意，都只是一种人生状态而已，不必刻意地去夸耀，也无须徒劳地去掩饰，生活的棱角自有它自圆其说的道理。纵使我们面临窘境、困境，受到了伤害，只要我们相信时间，相信人生和自己，那么伤口总有一天会痊愈的。

烂牌也要打出好结果

人生就像打扑克牌一样，很多人有过这样的经历，原本是满怀信心地要打一副好牌，赢得漂亮些，无奈天公不作美，抓到手里的却是一副烂牌，这可怎么办呢？此时，有些人会选择放弃，主动认输或者烂牌烂打，破罐破摔，然后等待下一次抓牌的机会。

殊不知，上天发牌是随机的，谁能保证下一次的牌就一定是能取胜的好牌呢？与其认栽，倒不如大气一点，超然一点，力争打好每一张牌，尽力打好这副烂牌，这样既能锻炼自己的能力，如果发挥得好的话还可以使自己手中的劣势转为优势，从而使烂牌变为好牌，这岂不更胜一筹吗？

的确，手中的牌无论好坏，都是我们唯一能够利用的资源，"打好手中的牌"是我们能够做出的最明智的选择，也将有益于我们自身的成长。

艾森豪威尔年轻时，经常和家人一起玩纸牌游戏。一天晚饭后，他像往常一样和家人打牌。这一次，他的运气特别不好，每次抓到的都是很差的牌。开始时他只是有些抱怨，后来他便发起了少爷脾气。

一旁的母亲看不下去了，严肃地告诫他说："既然要打牌，你就只能用你手中的牌打下去！"见艾森豪威尔依然愤愤不平，母亲心平气和地说："其实，人生就和打牌一样，不管你手中的牌是好是坏，你都必须拿着。你能做的，就是让心情平静下来，然后力争把自己的牌打出最好的效果！"

母亲的话犹如当头一棒，令艾森豪威尔在突然之间对人生有了直观的感悟。此后，他一直牢记母亲的话，并以此激励自己去努力进取、积极向上。就这样，他一步一个脚印地向前迈进，成为中校、盟军统帅，最后登上了美国总统之位。

人生的成功不在于拿到一副好牌，而是怎样将烂牌打好——烂牌也要打出好结果。生活就像是玩扑克，发到手里的牌是定了的，但你的打法却完全取决于自己。

纵观古今中外，很多人生的奇迹都是由那些最初拿了一手烂牌的人创造的。面对拿到手的烂牌，他们一笑置之，超然待之，拥有打好烂牌的决心和信心，所以他们能突破重围，使问题迎刃而解，并最终获得成功。

在日本有这样一个年轻人，是一个典型的矮个子。他前去日本明治保险公司应聘时，主考官只瞟了他一眼，不等他开口说话，就抛出一句硬邦邦的话："你不能胜任推销员的工作。"是啊，作为一名推销员，谁不希望自己有一副好的形象呢！那些身材魁梧的人，颜面漂亮的人，在访问客户时肯定容易取得对方的好感，而身材矮小往往不受重视，甚至遭人蔑视。"为什么我这么差?"他为此懊恼，甚至绝望过。

但是，这一切并没有使这位年轻人退却或者放弃，他认为推销能否成功的关键并不在于一个人的外貌形象，更关键的是如何引起对方的注意，抓住对方的心，他要向众人证实："我是干推销的料。"想通了以后，他决定以表情取胜。为了使自己的微笑让别人看起来是自然的、发自内心的真诚笑容，他找了一面能照出全身的大镜子，每天利用空闲时间，不分昼夜地练习。他假设了各种场合与心理，把微笑分为了38种。

他独特的矮小身材，配上他刻意制造的表情，经常逗得客户哈哈大笑，陌生感就会消失，彼此也就能更进一步地沟通了。曾经在对付一个极其顽固的客人时，他用了30种微笑才把准客户逗笑。就这样，他拉到了一笔又一笔的保险单，业绩直线上升，被誉为"日本推销之神"。他就是原一平。

原一平又矮又瘦，缺乏吸引力，可以说他拿到手的是一副烂牌，但他通过苦练笑容，用自己的汗水和勤奋、毅力和耐心创造了令人瞩目的成功。他的故事启示我们：人生不在于拿到手的是好牌还是烂牌，而在于没有一副好牌可打时，你能否努力去打好烂牌。

拿到一手好牌的人，不一定能赢。拿到一手烂牌的人，不一定会输。

所以，当我们不幸拿到不好的牌，比如，出生在一个普通人家，容貌平平，记忆欠佳，缺乏眼界和财力，甚至可能更糟……尽管我们有理由失望或者抱怨，但却没有理由不继续玩下去，走下去。此时我们能够做的，或者说应该做的，就是调整心情，把一副烂牌当成一副好牌来打。

这等大气，往往能够出奇制胜、反输为赢，开创出生活的另一番局面。

把一切交给时间

生活中杂事很多，再加上感情的纠葛，我们觉得非常辛苦，甚至快要喘不过气来。有的人因为爱情而烦恼、痛苦，甚至颓废堕落，寻死觅活。

事实上，我们最需要的是持有一种温和、宽容的态度，因为世界上没有什么是永恒的，也没有什么是不可改变的。时间是岁月的手，翻云覆雨间改变着生活！很多原来认为一成不变的事情会随着时间的推移出现前所未有的变化，很多先前久久不能释怀的情感会在慢慢地沉淀中找到注解。

所以，凡事千万不要偏激，想不开，不妨把一切交给时间。时间永不停滞，人世间所有的痛，包括生离死别，终有一天会被时间静静风干。春来冰消雪会化，相信时间。

伊莉原本是一个幸福的女人，可是有一段时间里倒霉的事情接踵而至，她的丈夫因病去世了，不久她的儿子又坠机身亡。一连串的打击让她的心都碎了，她不知道今后的路自己能否坚持走下去，整日郁郁寡欢。后来，她因过度怀念丈夫和儿子在世的岁月，由怀念而生悲痛，结果病倒了。

了解到伊莉的病情和生活状况后，主治医生对伊莉说："你的病情太严重了，需要长期住院治疗。但是你又没钱……我看这样吧，从现在开始，你可以在本院做零工，每天打扫病人的房间，以赚取你的医疗费用。"反正没有比这更好的活法了，而且就目前的情况来说，自己似乎根本别无选择。于是，伊莉开始手握扫帚，每天不停地忙碌着，将医院的角角落落打扫得干干净净。

时光飞逝，渐渐地，伊莉发现自己不再那么怀念丈夫和儿子了，内心也恢复了平静。寂寞、担忧被驱除了，伊莉的身体也就好了起来。三年的时间里，由于经常接触病人，伊莉对病人的心理也了如指掌，后被院方聘为陪护，再后来，伊莉还成为了该医院的心理咨询师，她觉得自己新的人生要开始了。

看到了吧，时间是医治一切创伤的"良药"。很多时候，当下那个我们以为迈不过去的坎儿，一段时间之后回过头看，其实早就轻松跳过；当下那个我们以为撑不过去的时刻，其实忍着、熬着，也就自然而然地过去了。

没有比死亡更决绝的分离了，相对于阴阳两隔的人来说，分手并不算什么。只不过爱淡了，不爱了。分开了，不代表不会有下一段爱情，交给时间便好。

时间是医治一切创伤的"良药"，请耐心地等待。春去春又来，花谢花又开，时间会带给你所要的安宁。把一切交给时间吧，且闲庭信步，看花开花落。

结束 即是开始

"红尘陌上，独自行走，绿萝拂过衣襟，青云打湿诺言。山和水可以两两相忘，日与月可以毫无瓜葛。那时候，只一个人的浮世清欢，一个人的细水长流。"既是才女又是美女的林徽因曾写过这样一段文字。这段话也道出了对于世间之情无须希冀太多，无须留恋太多，只需认真体味独自一人的美丽人生就好。

很多时候，因为爱一个人，我们会至死不渝，不离不弃。可是随着光阴的流逝，却发现那人只是飘过天边的一抹云霞，不管多么美丽，也都恍惚且遥远。也有的时候，为了挽留一个人，我们义无反顾，拼尽全力，可是到头来却发现，爱就像捧在手中的沙子，握得越紧，流失得越快。

其实，并非这一切都是和自己作对，而是自己对那份曾经的感情还有一些残留的痕迹，还没能将其从心里完全剔除，或者藏匿于某个角落。如果能够做到林徽因所说的那番洒脱，所有的执拗便不再有，所有因此而引起的牵挂和不舍也会远去。剩下的，就是一个人的浮世清欢，一个人的细水长流。

在共同走过了三个春秋冬夏的交替之后，叶子和男友分手了。品尝着失恋的滋味，叶子也曾痛苦过、迷茫过，但是很快她就从这种情绪中抽离出来，写下了一段这样的文字，发给了那个留给她冷漠背影的前男友：

现在，我不用再苦熬着等你夜归，要知道你总是找不到钥匙，我只得强迫自己在寒冷的冬天爬出温暖的被窝给你开门，是件多不容易的事。尽管给你开门的时候，我很积极主动，而且脸上还带着微笑。

现在，我不必再胡思乱想深夜不归的你去了哪里，也不必为此而让自己熬成一个"黄脸婆"。因为经常担心你回家的时候因找不到钥匙而无法开门，我只能在客厅里等啊等啊，经常从今天等到"明天"。

现在，我不必再考虑怎样满足你挑剔的胃，我可以自己想吃什么就吃什么。在买衣服的事情上，我也不必再听从你的"建议"，而是只要自己喜欢，价格又可以接受，就会买下来。我喜欢自己美丽的样子。

现在，我曾经的"话痨症"不见了，开始变得安静起来。因为我不必再为你没有洗脚就上床而唠叨，也不必为要给你洗脱下三天的臭袜子而抱怨，更不必告诉你一定不要酒后驾车和吃晚饭的时候询问你何时回来。

现在，我是一个理性、智慧的女子，朋友们都说我的状态比以前更好。这简直让我欣喜若狂。我用微笑和谢意回报别人的赞美，我用以前不曾有过的开朗和温和与人交流，因为没有你的责备，我不用再担心哪句话说错而影响你的面子。

这样的改变还有很多很多，一想起来，我就想发自内心地对你说一声谢谢。谢谢你的离开，让我的生活变得更加精彩！

朴素的文字里，却字字句句透着一种洒脱、一种淡定和一种"自我"的幸福。

这个女孩是智慧的，因为她知道对于已经无法修补，或是不复存在的爱情，自己没必要去留恋。与其死缠烂打，还不如从两个人的回忆中快一点走出来，用全新的面貌面对生活，为自己创造幸福和欢乐。

他走了，爱走了，却带不走你本该拥有的天堂，因为它始终在你手上。退一步想想，没有谁能够一直陪伴我们。生命中总会有人到来，有人离开，而很多时候却是我们独来独往的。既然爱过，就不后悔；即便分了，也不伤悲。

在或明媚或暗淡的爱的路途上，并不是每一次结束都是一场悲剧，有时候它更是另一种新生的开始。因为在只剩一个人的日子里，让你有机会重新认识自我，重新审视自己的价值，重新塑造崭新的自己，就像凤凰涅槃，在浴火中得以重生。

Part 10

在爱里互相成全
且行且珍惜

真正的爱情并不一定是他人眼中的完美匹配，
而是相爱的人彼此心灵的相互契合，是为了让对
方生活得更好而默默奉献，是保持两个世界的完
整。明白了爱的真谛，也就成熟了，长大了。

守得住寂寞，才能见得了花开

爱情需要忠诚，当我们不明白爱情的严肃时，最好不要出手，否则我们就成为了寂寞的可怜人。因为情窦初开，急于体味爱情的美妙，所以不愿意等待，当周围的人沉浸于爱情当中时，也想结束一个人的寂寞，所以急于找一个人帮自己驱逐寂寞。实际上，却将自己驱逐了。

爱情是美好的，但是没有爱情不代表人生的失败。一个人也有一个人的精彩。缘分是天注定的事情，有的时候你急于寻找并不一定有结果，而有时命中注定的爱情不经意间又会向你走来。爱情不是梦想，它更神秘，让人无从探索，所以不要急，爱情总有一天会向你走来。

有一首歌叫作《因为寂寞》，里面唱道："会爱上他只是因为我寂寞，虽然我从来不说，我不说你们也该懂；其实他会爱上我，也是因为他寂寞，因为受不住冷落，空虚的时候好有个寄托……"简简单单的几句话，道出了五光十色的爱情。

她如同一个双面人，白天是写字楼里的白领，夜晚就变成了酒吧里的寂寞女人。每个晚上，她都会来一家酒吧，总要到凌晨两三点才会离开。她来酒吧只是喝酒、唱歌，从不与男人有过多的接触。

其实，两年前的她并不是这样。那时候她有一个爱自己的男友，日子过得很幸福。她从来没有喝过酒，也没有去过酒吧，更不会到深夜才回家。可是，男友的抛弃让她彻底变了，她开始酗酒，恋上酒吧。她经常一个人坐在吧台前，有时候会去唱歌，一个人唱着自己的歌，享受着台下男人们对她的称赞和大呼小叫；如果有人邀请她跳舞，高兴的时候她会欣然接受，不高兴的时候，看也不看对方一眼，再纠缠，她就会端起酒杯让他尝尝葡萄酒的味道。

一次，她被一个男人吸引了。她看得出那个男人也是酒吧的常客，虽然与服务生调侃，但并不暧昧。他在她的对面坐了下来，主动和她攀谈，她没有回应，然后他不再说话，陪着她喝酒。她不知是因为心情不好，还是为何，一杯接一杯地喝，在她头几乎抬不起来、快要倒下的时候，他走过来抱住了她，然后把她带出了酒吧。

当她醒来的时候，发现自己躺在陌生人的床上。这时，她面前出现了一个熟悉而又陌生的面孔："睡得好吗？"她红着脸没说话。他发现她与在酒吧时的样子完全不一样：清秀，楚楚动人。他看到她用被褥裹着身体，才想起手中的衣服，说道："这是你的衣服！晾了一夜终于干了！"她接过衣服，说了声"谢谢"，又问："昨晚你睡在哪里？"

他指了指沙发，这下她才放下心。看着他准备好的早餐，她说："我是寂寞的女人，不值得！"

他坐下来吃早餐，并对她说："我不会因为寂寞而爱，更不会爱上一个寂寞的女人。"

她离开了他的家，没有吃饭。此后，她也再没有去过酒吧。

爱情，是宁缺毋滥的东西，不要以寂寞为由玷污了爱情的美好。在感情世界里，寂寞是酒，诱惑是毒。越是拒绝，越是寂寞；越是寂寞，越是空虚，最后吞下诱惑的毒。

有人把寂寞比喻成一座空城，把诱惑比喻为城外的围墙。诱惑，就只是寂寞多了一点点，却始终在寂寞之外。我们总是先耐不住内心的寂寞，才会被诱惑。非要因为诱惑而失去时，才明白自己错得离谱，可惜往前一步是山崖，退后一步是望不穿的沙漠。怎么选择都是痛苦，这就是寂寞与诱惑的夹缝。

年少轻狂不能成为我们随意挥霍的理由，我们要知道自己要的是什么。不要因为年轻挥霍掉了爱情，之后寂寞度日。守得住难挨的寂寞，才等得到永远的爱情。

距离产生美

　　一位禅师带着小弟子下山化缘，他们路过一个莺语花香的园子，一派春日祥和景致，师徒二人正在享受漫步的悠闲，突然听到一棵高大的树上传来一阵哀鸣，举头看去，是一窝小鸟因害怕而啼叫。

　　"这么小的鸟却放在这么高的树上，难怪会害怕。"小徒弟说。他不忍听到小鸟的叫声，就拿了梯子，把鸟窝放在低一些的树枝上。禅师微笑赞许："有爱生护生之心，很好。"

　　第二天，小弟子关心小鸟，偷偷去花园，又听到小鸟的啼叫。于是，他又将鸟窝放低了一些。如此几天，小鸟终于心满意足，发出欢悦的声音，小弟子终于能够放下心。

　　没过多久，小弟子又一次和师父下山，路过花园，却听不到鸟儿的声音，只看到低矮树枝间空荡荡的鸟巢和散落的羽毛。原来，鸟巢放得太低，小鸟都被附近的野猫叼走了。禅师摇头，双手合十说："万物有定分，你过分帮助它们，却是害了它们。"小弟子懊悔不已。

　　爱一个人的时候，就想把自己能想到的一切都给对方。可是，给得多了，对方常常觉得承受不住。就像一个燃烧的火炉，一味添加炭火，不会使它更旺，反而可能熄灭燃起的火焰。因为，炭太沉了；因为，炉子里空间不够了；

因为，看到还有那么多炭，火焰厌倦了燃烧。爱情有时就像炉中的火焰，不是你给得多，它就会一直光彩动人。

世间有很多人在爱情中愿意尽全力付出，希望对方感觉到自己的重要，让其有一种"错过了，就再也找不到这么好的"的感觉。可惜，爱情并不是择优录取。我们经常看到一个人在两个追求者中，选择的是看上去不那么理想的一个，而且选择者看上去还很幸福。其中滋味，恐怕只有爱过的人才能了解，旁人看去，不过雾里看花。

过度的爱对于接受者来说，可能是喜悦，也可能是伤害。就像两个人面对面坐着，一人拿一个杯子，一个人不停地给另外一个倒水，而自己的杯子始终空着。最后，一直喝水的人终于受不了了，可能觉得对方给得太多，心存愧疚；可能在一直不停地喝，觉得腻烦；也可能因为自己始终不能为对方做些什么，找不到存在感。总之，在对方无尽的给予中，他再也感觉不到喜悦。感情走到这个地步，分离是必然的结果。

当然，亲情、友情等都一样。当父母给予我们过多的爱的时候，原有的感情就会变质，成为一种溺爱，或是成为我们的一种压力、负担，最终成为我们不能承受之重；而朋友之间，如果爱过界，那么就会过多地干涉朋友的生活，两个人最终会产生隔阂。距离产生美，这是一个不变的定律。

我们希望父母疼爱我们，希望朋友关心我们，希望爱人无时无刻不思念我们，这都无可厚非。但是，作为人这样的个体，无论身边还是心里，都有一个安全范围，在这个领域当中，只能有我们自己。我们如此，对方也一样，将心比心，懂得尊重，才能把握好度。

著名的"刺猬理论"其实也能够说明这个道理。刺猬浑身都长满了针一样的刺，天气冷的时候它们一旦靠在一起，就会被对方身上的刺刺痛。但是，有心人对此进行了观察，发现它们在相互依靠的时候总是留着一定的余地，这样的距离不会刺到对方。它们这种适当的距离不仅能够给它们带来温暖，还不会伤害到其他刺猬。

　　学做一个聪明人，不要像他人的影子一样。每个人心中最高的位置都应该是自己，所以你对于他人来说，也不过是他们人生当中的一部分，或许位置很重要，但并不是他们人生的全部。不要将自己的一切都交付他人，这样只能让自己变得廉价，让自己没有立场落脚，自然也得不到别人的珍惜，做个聪明人，保持一些距离，掌握好度，不要靠得太近，付出太多，以免伤了别人，也伤了自己。

相守是真
平淡是福，

如果说细水长流是一种简单质朴的美，要用一颗宁静的心才能品味出它的意境美，那么轰轰烈烈就是昙花一现的美，灿烂一时却很难延续下去，留下如梦的记忆，使人回味无穷。真正的爱情，并不是抵死的缠绵，而是经得起流年冲刷的平淡。

很多人难以接受爱情的平淡，当最初的激情过后，爱情会变成细水长流的模式，有的时候人们就受不住了：我们还年轻呀！我们的人生还很漫长啊，难道一辈子就要活在这样的平淡中吗？不甘吧，想放手吧，可是之前的一切美好只是一场梦吗？没有爱情能够抵御时间的冲刷吗？

夏沫从未想过会遇到一个让自己魂牵梦萦的男人。她沉醉在他温柔的眼眸里，他喜欢握执她的玉手，漫步在灯火斑斓的街头。是不是幸福来得太快太满了？夏沫心里划过一丝疑问，但很快就被淹没在山盟海誓中了。

很快，他们结婚了。很快，夏沫的幸福感也消失了。婚后，他们常常为一点小事而大吵大闹，因为缺乏深入的了解，两人彼此之间为各自的见解不同而互不相容，因为任性，常常是搞得鸡犬不宁。失语的光阴，多是眼泪与孤寂。夏沫常常向闺密诉苦，久了，闺密忍不住劝她：过不下去就离吧！可是，夏沫放不下那段感情，退已无家可居，进却无涯江湖。

　　闺密心疼夏沫，约她到附近的一家酒吧，看着她的泪眼，面对着瘦弱无助的她，心头不由涌起几分怜悯。她想给夏沫些许劝慰，却又不知该如何开口。此时，酒吧正播着《罗密欧与朱丽叶》的曲子，和谐而至真的深情，绵延如流水。闺密给夏沫讲了一个故事：

　　"在意大利维罗纳的一个小镇，一栋看起来不起眼的两层楼住宅，上面有一个毫不起眼的阳台，一扇毫不起眼的木门，旁边一个毫不起眼的中庭，却常常挤满了慕名而来的游客，每个人都要在阳台摄影留念，年轻的恋人们还不忘在门上写下海誓山盟，因为那里曾经是莎士比亚笔下经典爱情故事的女主角——朱丽叶的家……"

　　闺密特意加重了"毫不起眼"这四个字的语气，故事把它的内涵抛给夏沫，对爱的期望太高是没有错的，怕的是自己陷在爱中又被深爱所伤，成了迷途的羔羊，错乱了方寸。每对相爱的人都期望自己的爱有一个美好的归宿，就像罗密欧与朱丽叶一样，爱得干净、炽烈与彻底，成为传说中的向往与神圣。但从来没有想过爱过以后就是一种责任与付出，再没有细节中的浪漫与具体，为生活中的琐事闹得心烦而不愉快……

　　夏沫流了泪，凝望杯中浓浓的咖啡，淡定地默想着些什么，一语不发。许久许久，夏沫抬起头，轻拭着泪，莞尔一笑，对闺密说："谢谢你，我现在全明白了。"

　　再次相逢，夏沫已不再跋涉在煎熬的苦海，笑颜如花的她牵着三岁的女儿和她的夫君向闺密走来。夏沫与闺密相视一笑，闺密读懂了夏沫眉宇间的那份释然和超脱，还有那一抹淡定的从容。那是岁月洗礼过后的彻悟与洒脱，平淡是福，相守是真。

　　没有经不起流年冲刷的爱情，只有经不起流年冲刷的男男女女。在我们初尝爱情的滋味时，无疑是新奇而美好的。但是爱情还有一份责任，还有很漫长的路程，在这之中，它会慢慢进化，收容友情、亲情，最后升华成一种不够浓烈却非常深厚的感情。

　　不要只知享受爱情中的浪漫，也要懂得爱情当中的相守。这样你才能幸福地度过你的大半人生。我们的人生当中有 90% 都是平淡，这是正常的，不是爱情变质了，而是我们习惯了。就像你每天都吃爱吃的东西一样，吃得久了也会觉得味道一般。

　　最好的爱，经得起平淡的流年。两个相爱的人结婚相守，要一起经历大大小小的艰难险阻，可是除了那些，要一起经历得最多的，还是一天一天平淡的流年。若问什么是幸福，一生一世一双人，彼此能给予对方快乐和安心，能给予理解与信任，更重要的是，把每一个平凡的日子都过得精彩。如此，就够了。

爱，从未离开

多年前，有首歌这样唱道："你爱我我爱你，不要变行不行；不多看不多听，只认定这份感情；谁爱我谁爱你，都不变行不行。让未来像从前风平浪静，永远都尽全力捍卫相爱的决心……"

两个人的邂逅、相知、相恋是美丽而充满诗情画意的，但能够将这种美丽进行到底，需要深厚的缘分，需要莫大的勇气，更需要用心的珍惜。所有爱的奇迹都是在将爱进行到底中铸就出来的，因为再轰轰烈烈的爱情，也会在岁月的洗礼中让激情慢慢沉淀，剩下的唯有平淡无奇的日子。将爱情进行到底，不是一句台词，而是一种承诺，一种对爱的执着和坚韧。

夏日的傍晚，一对老人牵着手在夕阳的余晖下漫步，这样的日子，他们已经共同走过了50年。

他在30岁那年，经人介绍与她相识。相亲的那天晚上，她就坐在媒人家的土炕上，羞涩得不敢抬头，旁边坐着她的表姐。透过昏暗的灯光，他只看见了那胖乎乎的表姐，却没有看见她。他回家后，跟媒人说不行，那女人不是自己想要的。

后来，又经媒人的几番撮合，他和她最终走到了一起。到了结婚那天，他才发现娶回家的不是那个胖乎乎的女人，而是自己一直在苦苦寻找的那个姑娘。

　　漫长的岁月里，他们守着一份平淡的生活，养育了三个儿女。后来，儿女们都相继长大了，并都在城里有了自己的家。他不喜欢出门，而她每次去城里看望儿女，也总是匆匆地来，匆匆地回。她担心自己不在家的日子，没有人给他做饭，怕他吃不好。

　　他最爱吃羊肉馅饺子，几乎每周她都会给他包上一两顿。尽管她自己从来都不吃羊肉，甚至闻到羊肉味还觉得有些恶心。

　　春夏秋冬，来来回回。他们的生活一天一天看似没什么大变化，可在这50载的春秋里，他们恩恩爱爱，坚守着一份平实的感情，却是夫妻间最难得的境界。

　　这一对白发苍苍的人生伴侣没有天长地久的承诺，没有地老天荒的誓言，可那相容相扶相携的身影让我们明白了，淡淡的爱才会有幸福到白头。

　　记得曾经看过一则动人的微小说：他向她求婚时，只说了三个字：相信我；她为他生下第一个女儿的时候，他对她说：辛苦了；女儿出嫁那天，他搂着她的肩说：还有我；他收到她病危通知的那天，重复地对她说：我在这儿；她要走的那一刻，他亲吻她的额头轻声说：你等我。这一生，他没对她说过一次"我爱你"。但爱，从未离开过。

　　甜言蜜语有时可以帮助感情升温，但并不是爱情的全部。有时爱情无须语言，也并不只是一句话。相守一生的人不需要对方说什么或许就知道对方的想法。我们太过年轻，爱情对于此时的我们来说更倾向于一种认识、一种体会。如果没有准备好一辈子，那么就不要轻易地说爱。这是一种责任。

爱，是和你一起成长

爱情，这个词语听着就让人很享受。爱情本来就是一个非常美妙的过程，爱情不仅需要彼此的信任，爱情不仅需要时刻给对方感动，其实爱情还需要改变自己，不要一味去要求对方做到什么，而是积极尝试着改变自己。只要你是爱对方的，那么一些非原则性的问题都可以改变。这样你所拥有的爱情会更为甜美，这样你的幸福指数才会更高。

很多恋爱中的人都有强迫症，他们都喜欢对方能够顺从自己，能够迎合自己，从而满足自己的征服欲。如果有一个人心甘情愿为你改变，这说明对方足够珍惜你，所以我们无须去要求对方一味迎合我们，我们也可以为对方考虑，适当地做出一些牺牲。

爱情是一件神圣而又美好的事情，每一个人在恋爱中都能够感受到甜蜜或者痛苦。如果我们真心在乎一个人，那么就很难看到对方的缺点，因为我们可以有足够的耐心去包容对方，甚至最后都无视对方的缺点。当我们在苛求对方做出改变的时候，其实可以想一想我们这样做是不是有点过分，换一个角度去考虑，看对方愿不愿意去接受这一点。

当我们处于爱情中的时候，最主要的是改变自己，而不是一味要求对方，让对方做出改变。己所不欲，勿施于人，自己都不想做的事情为什么要强加于别人呢？我们要懂得尊重对方，给对方一个足够的个人空间，而不是让对方变成和自己一样的人。

我们不要过度苛求对方做出怎样的改变，而是学会尊重对方，然后用自己的改变去经营自己的爱情。也只有这样做了，我们的爱情才能够在我们的经营之下变得更加坚固。

我们应该看到自己身上的缺点，然后尽力去改变这些。我们不要苛求什么完美，如果是属于你的，那就好好珍惜，可以适当地做出一些改变；如果不是你的，那也不要过多地奢求。如果一味作茧自缚，那么最后痛苦的就只有自己。我们不要因为苛求而让自己的生活变得狭窄，要及时转换我们的这种观念，才能保证我们爱情的稳定性。

在爱情中不要一味抓住对方的缺点不放手，我们应该想对方美好的一面为什么没有被自己发现。如果喜欢一个人，那么就要懂得包容对方的一些小缺点，而不是斤斤计较他们的这些缺点。将对方的优点不断放大，而将对方的缺点不断缩小。这样我们的感情就不会出现负担，爱情也会让我们的生活变得更加愉快。

任何人都有好的一面，所以我们需要认真地去观察到对方的优点，此时就不要吝啬自己的语言了，我们应该大胆地告诉对方，然后表示自己很幸运，能够和对方在一起。我们要懂得夸赞对方，任何人都喜欢被别人夸奖。

任何人的性格中都有一些不被人接受的东西，所以我们不要去苛求对方，我们更不应该去抱怨对方。如果爱对方，那么就适当做一些改变。你所做出的这种改变带来的不是痛苦，而是你们幸福的开始。如果你希望你的爱情和你的生活能够幸福，能够让人满意，那么适当做出一些改变，爱对方就要懂得为对方改变，或许对方也是这样做的。

有些人你永远不必等

在情窦初开的年纪当中，我们总会为了一个人笑，为了一个人哭，在我们不懂爱情的深沉的时候，会将习惯和一时的好感当作爱情。因为不懂爱，所以不知该如何去爱。因为不知道要怎样爱，所以在伤害了自己的时候仍然不知回头。当我们成熟之后会发现，曾经的自己傻到让自己心疼。

对于陷在爱情当中的人来说，可以放弃自己的一切来守护爱情，认为爱情是自己人生最终的意义。但自己心中神往的终点真的到此为止了吗？眼前的人真的是和自己共度一生的良人吗？

一匹野马驰骋在苍茫的草原上，看上去无比自由和快乐；不远处，一个牧人望着那匹野马，他发自内心地想要征服它。终于有一天，牧人想办法套住了野马，他非常兴奋，如获至宝；而被绳索套住的野马却无比悲伤，因为它丧失了自由。

得到野马，牧人百般呵护，但野马始终向往着草原和自由。每天，野马的眼神中都充满了忧郁，牧人看着很是心疼，但若让它离开，却又心有不甘。慢慢地，野马的性情发生了变化，它不再忧郁，而是变得狂躁无比。没有人敢靠近它，牧人也一样，他知道野马心中充满了愤怒和绝望。

终于有一天，野马安静了，它变得平和与安详，并慢慢地走近牧人。牧人以为野马被自己感动了，他便为野马套上准备已久的辔头，戴上精美的马鞍。野马没有任何反抗，任凭牧人"摆布"。

牧人第一次骑到了野马背上，野马在一声长长的嘶叫声中带着牧人向悬崖边奔去……

其实，爱情当中两个人的关系又何尝不是这样的呢？当你爱一个人爱到失去理智的时候，什么都甘愿去为对方做，但是你眼中的付出真的是对方想要的吗？爱情是美好的，不要以爱情的名义伤害对方，同时也伤了自己，让自己再也没有爱的勇气，沉浸在爱情的伤痛中久久不愿醒来，最终被遗忘在时间的角落里。

爱情是相互的，单方面的付出不算是爱情。在一场爱情的游戏当中，两个人就像坐在跷跷板的两边，只要一个人不配合，无论你如何做单方面的努力，都无法完成。在这种时候，与其伤心，为什么不选择另一个愿意配合你的人呢？

都说缘分是上天注定的，不要看到一个你爱的人就以为那就是你的良人，即便你努力付出，人家也不愿意回应。这个时候，你要学会放弃，因为你的人生等待的是你的良人，能陪你走完后半生的另一半，而不是一个永远等不到的影子。

为爱情付出是一种勇气，也让人感动，但是这样的感情并不完美。不能相爱，无从相守，不能相爱相守的爱情，又算是什么爱情呢？你的人生之路还很长，不要误以为你眼前的就一定是你的爱情，当你的付出得不到回应的时候你要知道，你的爱人或许在下一个路口。在你遇见对的人之前，不要着急，对于不愿给你回应的人，要学会向前走，这样的人永远不必等。否则只是浪费了自己的大好年华。

好好说分手

感情就像茶，即使最初时再浓也会被时间之水一点点冲淡。于是，很多曾经炽烈的爱在这一强大的力量面前败下阵来，走向了尽头。

那么，当一段原本以为会天长地久的爱情不得不落幕的时候，当一个原本以为会执子之手，与子偕老的爱人选择离开的时候，我们该如何给这段感情一个交代，该如何给爱过的，甚至还在爱着的人一个结局？

不用问，任何一个人，在眼睁睁地看着全心全意付出的感情和那个曾经深爱的人远走，心底的哀伤和绝望都能瞬间令自己泪如恒河，心如刀割。可是，这些并不能作为挽留对方的理由。要知道，你越是纠缠不休，越会让自己伤得体无完肤。

如果他非要走，那就让他走吧，干净利落地走，即使心已哭成泪海，也要笑着目送他远去。这样的你，才是高姿态的，才会让这段感情圆满地落幕。

肖琳至今记得，当初决定和他一起牵手奔赴这条感情之路的时候，她要他答应自己一件事：如果某天，他不再爱她了，对他们的感情厌倦了，不要躲她，只需明白地告诉她，不爱了，爱不下去了，她就会离开，绝不纠缠。

不知是当初的"一语成谶"，还是命运的捉弄，时隔两年，他们的感情果然走到了分手的边缘。而他，也果然提出了刺痛肖琳身心的那两个字——分手。

在排山倒海一般的痛苦和绝望里，肖琳除了独自一人时默默地哭泣，没有在他面前表现出任何的挽留和纠缠之意。她想，或许是自己的性格不允许自己纠缠，也或许是他的冷淡让自己无力挽留。

可是，不挽留不等于不想他，毕竟她深深地爱过他，而且到现在还依然爱着。她思念他的心折磨着只有她一个人的日日夜夜。往往别人不经意的一句话，就能让她想起他。每当面对那些孤寂的黑夜，再也没有他温暖的拥抱；每当走在寒冷的大街上，再也没有他伸过来的热乎乎的手让她取暖；每一个或忙碌，或轻松的日子，再也没有了他句句关心、字字问候……

想到这些的时候，肖琳都想让自己一觉睡过去，从此不醒。可是，她的坚强没容许她的任性，而是坚定地"告诉"她：咬咬牙，坚持下去，会好起来的，一定会的，你只是需要战胜时间。

他不在，时间却不会停滞不前；他不在，她的生活还要继续。在日复一日的生活里，肖琳努力地做到了自己的伤自己解决，自己的心情自己整理，自己的疼痛自己埋葬。她深深懂得，不挽留，不证明自己不爱他，不证明自己不想他，也不证明自己的心没有受伤，只是这样的选择，是她能为他们曾经的爱所能做的最后一件事。

在一段落幕的爱情面前，两个人的爱情之花便已枯萎，爱的路也已走到终点。竭力挽留只是一厢情愿，挽救不了已经凋谢的爱情之花，挽回的只是再一次的心伤。其实，幸福是可以追求的，但不是乞求就能够得来的。比起没有用的歇斯底里，一个不挽留的离去的背影，至少能让自己在爱过的那个人的眼里，还保有最后的一份美感。

有一种选择叫作『放手』

一个小女孩把手伸进了花瓶里。花瓶是自上而下越来越宽敞的那一种，她的手很容易就伸进去，可现在怎么也拔不出来。小女孩吓得哭了，母亲用了各种办法就是没能把她的手拉出来。只要母亲一用力，孩子就会哭。无奈之下，母亲只得将那个价值连城的古董花瓶打碎。

花瓶碎了，母亲让女儿把手伸给她看，有没有受伤。孩子的手完好无伤，可她依然紧紧地握住拳头，就像是无法张开一样。母亲担心女儿的手抽筋，焦急地让她伸开手。情急之下，小女孩开口说话了："我没有抽筋。"

孩子慢慢地张开了拳头，原来她的手心里有个一元的硬币。她的手之所以会卡在花瓶口，就是因为她舍不得这枚硬币。

孩子的手拉不出来，并不是花瓶的口太窄，而是她为了一枚硬币不肯放手。就为了这区区的一元钱，母亲忍痛打碎了一个价值连城的古董花瓶。孩子当然不会理解妈妈的心情，也不会为此感到后悔，因为在她的心里，一元钱就是整个世界。

有时我们也会和这个小女孩一样，犯下这种错误。尤其是在感情面前。在感情面前我们总是难以自控，容易失去理智，紧紧地抓着手中的一块钱哭泣，无论怎样努力都不肯放手，认为自己握住了全世界，直到最后坚持不住，毁掉一切只为了保留手中的"一块钱"。

但是当我们醒悟过来之后，不会为自己的执拗后悔吗？为了"一块钱"而付出了自己的一切，最终的我们只能在哀怨当中过日子。为什么我们的醒悟不能早一点呢？在落泪之前撒手不好吗？

我们习惯将自己放在囚笼当中过日子，即便伤心难过，囚笼的钥匙就在手中，也想不起将自己放生。这个时候你所抓住的钥匙只是你心里的一根救命稻草，但并没有什么实际的意义，为什么不懂得用它换取自己的幸福和自由呢？

人生有很多难以预料的事情发生，有时我们的爱人、我们信任的朋友也有可能伤害我们、背叛我们。如果他们选择这样做了，那么我们能够怎样呢？哭着质疑他们为什么要这样对自己吗？如果事情到了这个地步，质疑只是无用功，为什么要把自己的伤悲和苦痛展现给那些伤害自己的人呢？谁会在乎呢？

如果他们真心伤害了我们，那么我们就要努力过得更好，在苦痛中开出一朵绚丽的花，让那些伤害我们的人知道，无论他们怎样伤害我们，我们的人生一样可以过得很辉煌。不要用别人的错误惩罚自己，我们受了伤，理应获得更多的幸福。

不要执着于他人的伤害，这样只会让自己越陷越深，学会放手，在落泪之前放掉手中扎手的沙，向幸福看齐吧！

Part 11

成长，什么时候都不晚

孤独、迷茫、困惑、彷徨……这些本就是青春该有的情绪；追梦，为梦想而努力，也是青春应有的姿态。我们要做的是，把握生命的每一刻，唤醒麻木的心灵，正确认识自己，不在生活和工作中迷失自己，审视真正的自我，及时切断偏离航线的思维意识，做有意义的事。

与其被动抱怨，不如主动出击

当你不顺心的时候，你会怎么做？当你的生活不如意的时候，你会怎么做？当你找不到自己前进方向的时候，你会怎么做？当你对生活失去信心的时候，你会怎么做？当你感觉到无助的时候，你会怎么做？不要选择抱怨，因为当你抱怨的时候，一半人在以你的痛苦为乐，而还有一部分人根本就不会在乎你的抱怨和痛苦。

很多人都会采取指责和抱怨等方式来博得别人的同情，以安慰自己脆弱的心灵。但是时间长了，他们的这种情绪就会让人感觉到反感，于是很多人就会对他们敬而远之。所以我们需要懂得控制自己的思想，从而抗击干扰。我们要懂得和自己对话，用自己的方式唤醒自己沉睡的心灵，从而感受到自我的存在。

在某公司有一位工作认真、积极上进的好员工叫阿旺，他在公司中人缘很好。有一天在下班之后，老板约他一起去吃饭。这一天晚上的气氛非常好，大家在一起都聊得很开心。他们在聊天的时候谈到了他们所处的居住环境，此时阿旺一脸委屈地说："我现在租住的房子旁边正在搞装修，每天晚上都能听到嗡嗡的声音，就算是周末我都没有睡过好觉。而且外边有很大的风沙，我都不敢开窗子，我都有点受不了这种环境了。"大家听到之后都很同情阿旺，但是他们又有了新的疑问，有人说："既然这样，反正是租住的房子，你为什么不选择搬家呢？"

其实，很多时候我们就像阿旺一样，本来有选择的权利，但是我们却什么都不做。理想和现实有很大的差距，我们很多时候都喜欢采取抱怨的方式来博得别人的同情，从而感受到一定的心理安慰，获得短暂的快乐。其实这种快乐是不可取的，甚至对自己没有什么好处。我们在不断抱怨的过程中其实也是在给自己制造痛苦。

尤其是在职场中的年轻人，他们都喜欢抱怨说："我在这家公司做了这么久了，就算是没有功劳，也有苦劳啊，为什么老板始终都看不见呢？为什么他不给我加薪呢？"其实他们不知道他们在抱怨的同时已经为自己制造了很多的痛苦，他们完全可以通过正常的渠道去解决这些问题。

人们的抱怨声中其实包含着其他的含义，那就是："我是一个受害者，现在所发生的这些事情都让我感觉到很无奈；我是一个非常无辜的人，我需要别人给予安慰。"但是倾听者并不会这样认为，他们也听不懂这些意思，他们反而会认为只知道抱怨而不知道找办法解决问题的人是生活中的弱者，是不值得同情的。很多人就是为了追求被同情的这一点感觉，从而被周边的人反感和孤立，这实在是一种不明智的举动。

与其向别人乞求同情，还不如自己努力一些去寻找快乐。如果你感觉自己的工作不是很顺利，那么你可以认真地和自己的上司谈一谈；如果感觉上下班的路上非常拥挤，那么你不妨去寻找一条全新的路线；如果你感觉到周围的施工对你有影响，那么你不妨重新租一套房子……瞧，你其实可以合理应用自己选择的权利，将一些不尽如人意的东西全部避免掉，这样的话你的抱怨和指责就会少很多。

其实能够获得快乐的方法非常多，但是大多数都需要依靠自己强大的内心来实现。你需要将自己的思想集中，然后用在有意义的事情上。另外，你还需要时刻关注自己的内心世界，以早日发现自己的真实意图，从而弄清自己到底想要什么。

如果你想要斩断自己错误的意识，就需要经常考虑一个问题，那就是：

"我能够做什么?"能不能回答出来这个问题并不是很重要,关键是你思考这个问题的过程。比如你经常在开会的时候发呆,在这个时候你就可以思索这个问题;还有你平常在休息的时候,也可以思索这个问题,等等。这短短的一个问题就像是一个警钟一样,时刻在你的耳边敲响着,会及时切断你的错误思想,从而让你始终保持冷静的思考能力。如果你能够养成这种扪心自问的习惯,你就能够时刻拦截错误意识,从而避免浪费精力和时间。

控制好自己的本心,对自己的思想有所限制,这样你就能够明白自己的真实意图,能够了解到自己的追求,也只有这样才能够真正唤醒自己的内心。

曾经有一个男青年在驾车的路上撞倒了一位女士,于是将她送到了医院,好在没有什么大碍。在接触中两个年轻人产生了感情。男青年将他们的故事讲给身边的人听,大家都认为是一桩天赐的良缘,于是都鼓励男青年对女孩展开爱情攻势。经过一年时间的追求,这个女孩终于接受了男青年的爱意,但是此时男青年却有点犹豫了。因为在这一年时间中他已经开始理解这个女孩,知道了一些对方的爱好和习惯,发现两个人根本不是一个世界的人。如果当初他能够先问一问自己:"这的确就是我想要的吗?"那么或许就不会浪费自己的感情了,也不会耽误女孩了。

一个简单的问题能够让我们更加清醒地认识自己的内心世界,了解自己的本意和想法。我们需要养成自己和自己对话的习惯,这样可以帮助我们走出迷失的困境,从而把握好自己生命的每一刻。

著名的"温水煮青蛙"理论其实也能够说明这个道理。将一只青蛙放到温水中,然后一点一点加热。在最初的时候水温不是很高,所以青蛙根本感觉不到危险。等到时间长了,水温升到使它受不了的时候,逃脱已经来不及了,它只有等死了。

我们其实也一样,经常像青蛙一样在无意识中慢慢接受了周围发生的事情,最终也慢慢迷失了自己。相反,如果我们能够细致地观察周边的事物,感觉到周围的变化,提高自己的洞察力,或许任何事情都可以顺利转变了。

有这样一个美国人很有意思，他在得知自己的妻子怀孕的消息之后就开始学习摄影。等到女儿出生之后，这位父亲每天都坚持为自己的女儿拍一张照片，从没有间断过。在女儿的结婚典礼上，他将自己二十多年所拍摄的照片全部交给了自己的女婿，并且希望他能够将这件事情继续下去。父亲用自己的照片见证了女儿的成长和变化。

假如我们做不到每天拍照或者写日记，就很难感觉到我们昨天和今天的不同，此时我们就会感觉我们没有任何的变化。所以当我们发现白头发出现在我们头上的时候会大喊大叫，会因为看到自己的脸上有皱纹而尖叫，会因为发现自己的牙齿松动而悲伤……其实生命的钟表从来没有停止过，我们现在所感受到的都是一天一天变化而来的，不是突然来到的。如果我们无法意识到自己生命的无常，那么就很难开启自己内心最为强大的力量。

曾经有一个犯有经济罪的犯人对媒体讲了这样一个故事。

我小的时候家里很穷，有一天我和母亲一起去买菜，我看中了一个玩具摊位上的小汽车，想要母亲给我买，但是她一直不肯，最后还动手打了我。从那个时候我就发誓，长大之后我要拥有我想要的一切。所以之后我开始认真读书，开始努力工作努力赚钱，当我想要跑车和豪宅的时候，我就开始四处钻营，最终实现了我的想法，但是我开始变得不认识自己了。

这个经济犯对物质的渴求欲望一直在增长，但是这些细微的变化他都没有觉察到，才使得他开始一步一步走向犯罪的深渊。他认为一点点的贪婪是不会有什么影响的，但是一点一滴的变化发生了质变，在此时他才开始意识到自己已经走上了犯罪的道路。

我们需要把握自己生命的每一刻，从而对自己麻木的心灵进行唤醒，这种情况下我们才能够正确认识自己，才能够不在生活和工作中迷失自己，从而做一些有意义的事情。把握生命中的每一刻，唤醒麻木的心灵，时常审视真正的自我，才能切断偏离航线的思维意识，做有意义的事。

　　有的人害怕孤独和寂寞，每当寂寞和孤独来临，他们会觉得没有依靠，觉得生活失去了味道，找不到原来的自己。但事实上恰好相反，当一个人独处时，才能不受尘世的烦扰，淡然聆听心的声音，和自己的心灵进行一次对话。

　　淡定的人生不会寂寞，寂寞并非是一种纠缠，全在你怎样看。如若抵御独处，那么有可能失去自我，有可能随波逐流，成为自己最不屑一顾的人，成为自己眼中最庸俗的存在。

　　曾有一个科学家做过一个实验，他从森林当中抓来了两只猴子，一只很强壮，而另一只则非常瘦弱，按照常理看，瘦弱的猴子应该活不了多久，但奇怪的是，强壮的猴子反而先死了。针对这个现象，科学家做了研究，结果发现，强壮的猴子总是在猴群中追逐打闹，而瘦弱的猴子则经常独处。

　　得出的结论是：虽然缺乏交往的生活是一种缺陷，但逃避独处的生活更是一场灾难。其实我们不该害怕孤独，孤独是可以享受的，它教我们能够冷静地思考自己的得失，将自己放在一个适当的角度深刻解剖。有这样一句富有诗意的话："不能忍受独处生活的人，就像受风吹拂的池塘，风不停，永远无法获得平静，反映自己美好的东西。"

　　同时，孤独也是一种奢侈，它需要时间，需要空间，更需要心境。当我们进入忙碌而浮躁的社会中时，难免会感觉每件事似乎都跟自己有关，停不下匆忙的脚步，躲不开拥挤的人群，剪不断恼人的思绪……当我们的心灵被外物所遮蔽、掩饰的时候，浮躁的情绪会充斥整颗心，我们会忘记给自己留一点独处的时间，和自己的心说说话。直到有一天，发现心灵的空间已经缩得很小很小，生命的风帆也开始慢慢萎缩的时候，我们才意识到自己飘摇着找不到前进的方向。

小美六年前到一家外企工作，起初只是一名前台，可如今的她已经坐上了行政主管的位子。六年来，她早出晚归，卖力地工作，所有休息的时间都用在了工作和学习上。尽管在上司眼里她是优秀的员工，在同事的眼里她是个出色的主管，可在她自己的心里，却越来越不了解自己了。

这半年，她总是情绪烦躁，和同事的关系也不如从前那样融洽，很多事明明可以做好，现在却有些不知所措。浮躁和厌倦包围着她，精力总是不能集中，坐在办公室里有种想要逃离的冲动，想远离人群，到新的环境和生活状态中去。这种痛苦的情绪，折磨得她日夜难安。她告诉自己：我需要冷静地想想自己是怎么了？

终于，又到了休年假的日子。这一次，小美带上行囊，独自一人去了郊区。租住了一间农家院，每天一个人吃饭、散步，在山水间领略大自然的美好，没有工作的烦恼，没有生活的压力，彻底地放空身心。七天过后，她带着饱满的精神回到了公司，感觉一切又和当初一样了。

其实这种心灵的迷失对于正值青春的人来说非常普遍，当生活被工作、感情占满的时候，我们的心灵就内存不足了，我们会觉得厌倦，会感到迷茫，就像深陷泥沼无法逃脱一般。但逃避、不去理会并不能够解决问题。此时，我们最需要的是一个孤独的环境，不受任何事情的干扰，静静地聆听内心真实的声音，了解内心的变化。独处就像一根希望的绳子，把人从泥潭中拉出来；独处的时光，给了心灵休憩的地方，让人学会安静思考，沉下心来和自己对话。

　　在我们还一无所有的年纪当中，心灵的宁静就是最大的财富，这种财富需要长时间的积累，更需要一份淡定的心境。无论面对纸醉金迷，还是乱世浮华，我们要做的只是选择回归自我，给自己一个独处的空间。这是在生活中沉淀出的成熟，是一种冷静与极强的自我控制。独处的环境，可以赋予我们一颗宁静的心，远离诸多纷杂的浮躁，让我们的内心更加丰盈。

　　这个世上没有谁可以忍受绝对的孤独，但是，绝对不能忍受孤独的人却是一个灵魂空虚的人。人生在世，既需要与人交往，从相处中获得快乐，也要重视自己内心的修炼，在优雅宁静的独处中感悟人生。你不必离群索居，更不必终日把自己关在房间里，只要每天抽出一点时间静一静，把独处静思融入工作、学习之余，就可以让心灵得到休憩。

花香自来
心中淡然，

走在漫漫人生路上，有我们期待的风景，也有我们不想经历的荒凉。但终究是要走下去的，因为这是我们人生的一个部分。无论沿途风景如何，只要在自己的心中开出美丽的花，我们周围就还是鸟语花香。

对于容易冲动的年龄来说，静心似乎是很困难的一件事情，因为我们对大千世界充满了好奇，因为有太多太多想要的东西、想追求的梦。但这种冲动也成了一把双刃剑，当我们梦想受挫、求而不得的时候，我们就会伤心难过，甚至对人生感到绝望。

作家亦舒在她的作品《花好月圆人长久》当中写道："有的已去之事不可留，已逝之情不可恋，能留能恋，就没有今天。"这句话将静心的秘诀传授给了我们，那就是放下。苦痛、欢笑、成功、失败……只要我们不去在意这些身外物，那么淡泊之花就会在我们的心中绽放。

她曾经是一个清纯的女孩，敢爱敢恨，喜欢优美的文字，喜欢美妙的音乐，对于她来说，生活并不复杂，有这些足矣。她轻灵的气质很快吸引了一个男孩的注意，男孩开始追求她。女孩被男孩感动了，两个人走到了一起，每天有说不完的话，也有很多共同的梦想。很快，毕业的季节来临了，在她的同学都急于游戏人生的时候，她却早早地踏入了婚姻的殿堂。虽然她的朋友也曾质疑过，但是对于她来说幸福很简单，就是每天给心爱的人料理生活，闲暇时间看看书，以后生一个可爱的宝宝……

三年后，她的梦想实现了。她的老公成为了一个小公司的经理，她是全职太太，他们两个人有一个可爱的女儿。但是曾经的女孩也变了，她不能再静下心来看书，每天只是窝在沙发上看一些八卦新闻，看一些时尚杂志。每当看到杂志当中的奢侈品，她就会想到同学聚会时朋友的名牌手包，她止不住内心的忌妒，时常在想，自己比朋友差哪儿了？自己也很漂亮，也很有学识，只是因为窝在家里才变成了这副样子。

心中的怨念越来越重，她的脸色就越来越不好。渐渐地，她不再温柔，也不再耐心地为孩子辅导功课，还总找碴和丈夫吵架。最终她的丈夫决定和她离婚。在离婚那天，她的丈夫对她说："我曾经被你的淡然所吸引，不管在什么样的情况下，你都是那么从容。但是现在，你已经变成了另外一个人，感到很陌生。"

听完丈夫的话，她泪如雨下。

网上流传很广的一句话叫作"什么都是浮云"，事实上，如果我们能有这种心态，那么无论时光怎么流逝，都带不走我们淡泊的气质。在一个快节奏的时代，在一个浮躁的年龄，总是难以寻求平静，只能越来越累。

实际上呢？我们烦恼的那些事情，我们纠结的那些问题，我们追逐的那些浮华，真的是必需的吗？如果什么都在乎，那我们一路走来是否会很艰辛？只有将那些不必要的东西扔掉，我们才能有心情欣赏沿途的风景，才能一路走得淡然。

很多时候，功名利禄都是束缚我们的东西，困住我们前进脚步的不仅仅是失败，还有成功，因为我们止步不前了，所以只能在一个困局中挣扎，时间久了就会感觉厌烦、疲惫。

无论一路有多美的风景，有多大的灾难，我们都要守住心中的淡泊之花，让它陪伴着我们淡然前行，走向成熟，走向未来。

名利虽好，终不过浮云

孔子说过："富与贵，人之大欲也。"连圣人都承认，名利的诱惑是巨大的，多数人追求名利，是为了得到更好的生活，不论是安身还是立命，谁不希望自己有名有利？但凡事有度，过分追求一种东西，就会忘记最初的目标，重视这些东西甚至超过自己的生命。就像小说《欧也妮·葛朗台》中的老葛朗台，爱钱到了走火入魔的地步，舍不得将一分钱分给妻子女儿，临终时甚至还想抢神父的金十字架，最终断送了最后一口气。

人活于世，难免贪恋一些东西。其中，名与利是众生执迷的对象。从古至今，很少有人能看破这两个字。有人不惜舍弃一切，也要换得青史留名，哪怕是骂名，他也认为好过默默无闻；有人为了攫取金钱，抛弃良心，坑蒙拐骗，为的就是坐拥荣华富贵。这些人沉迷在欲海里无法自拔，得不到片刻宁静。

我们花费很多时间用来追求，当我们得到的时候，让我们放手无疑是困难的，但是，如果这些让我们迷失方向，我们还要坚守吗？我们人生的意义只是手里所握的东西吗？心灵就像一块玻璃，透过它看到世间万物。如果镀上一层水银，能看到的就只有自己，能想到的就只是自己的欲望。欲望就像一个无底黑洞，你越是往里边填东西，越觉得填不满。而那层水银，正是我们不愿放下的一切。

当我们清除掉那层遮挡视线的"水银"之后，我们的双眼也会变得清明，会找到自己真正想要的东西。

一个外国游客去了法国，路过一处花园，看到花园里的植物修剪得非常齐整，整个花园都有别样的美丽与生气。她心生羡慕之情，找到花园的花匠，希望能够高薪聘请他，为自己整理花园。老花匠温和地摇摇头，拒绝了她的提议。

游客有点纳闷，自己开出的酬金非常高，远远超过在这里做一个花匠，为什么老人不愿意呢？同行的导游说："你知道这位花匠是谁吗？他就是法国前总统密特朗，你说他会不会在意你的高薪？"游客惊呼："为什么一个总统会做花匠？"导游说："进退得宜，不正是与常人不同的地方吗？"

当那些位高权重的人放弃权势和光环的时候，我们会质疑，为什么我们那么努力想要得到的东西那些人可以轻言放弃。但是深入地思考一下，我们正处于人生的上升阶段，而那些曾经叱咤风云的人经历得更多，他们领悟的也更多。我们难道不应该从中领会到什么吗？急流勇退是一种智慧，安然处世是一种心境。

虽然我们追逐梦想，但是我们也要知道时刻从客观的角度看待自己，要时时地提醒自己不要偏离初衷，最好的方法就是拥有一颗淡然的心。

诸葛亮说："非淡泊无以明志，非宁静无以致远。"名利堪迷，但一颗宁静的心却能超越欲望的牢笼，因为心灵向往的是一种更高的境界。就像一个喜欢登山的人，最初带着好胜心到处寻找高峰，证明自己的能力，最后却会觉得这种带着目的的征服，做多了也没意思，还不如静心享受攀登的乐趣，观赏周边的风景，体味到生命的真滋味。

我们终其一生追逐的都是内心的平静和幸福，想要得到这些，就要将名利看淡一些。当然，我们可以收获名利和物质，但要记得，那只是我们生活的附属品，并非人生的全部内容。名利场都是一时的热闹，就像鲜花红不过百日。一颗宁静的心，会陪伴你经历世事，保证你不因物欲迷失，不论冷清还是热情，它让你相信生命最美好的部分，就是经历之后，还有一颗平和空明的心。

勤除杂草
心如土地，

我们的心灵是一方沃土，可以生长出茂盛的植物，同样，如果不及时清理，也会杂草丛生。虽然相对于整个人生来说，我们的经历还很少，所受的伤痛、挫折也不多，但是如果不及时清零，它们就会蔓延开来，最终我们的心会变成一片荒芜。

不要因为一点伤就不能自拔，把它当作自己成长的纪念印在心里。我们在成长的过程当中会经历很多，只要学会吸取经验就够了，那些伤痛、难过对我们未来的人生路没有任何意义，是垃圾一样的存在。心的容量是有限的，多一丝悲伤，就会少一分快乐。

我们的青春应该是一段美好的回忆，伤痛就该像手中沙一样，让我们把它扬到时间的风中，让它在时间的隧道中消散吧！

《新警察故事》当中就有这样的场面，陈国荣警官是一名非常优秀的警察，但是由于坏人的算计，他在自己安排的突围行动中失去了战友……他痛恨自己，认为是自己的过错导致了这个结果，即便他的女友——去世警察的姐姐并没有怪他，但他还是选择了远离。他将自己放逐，放任自己在酒精当中迷醉……直到一个叫作郑晓峰的年轻人出现，他的生活才重新振作起来。郑晓峰和陈国荣警官一样，也有不愿回首的过去，他的父亲为生活所迫做了贼，为了一口饭在他面前被车撞死，还受人侮辱。但是郑晓峰懂得放下，他明白自己的未来应该是什么样子，他不想回到那个时候，所以将悲伤和苦痛打包之后扔出了自己的心外。最后，陈国荣抛却了曾经的打击，才赢得了最终的胜利。

曾经的苦痛记忆，就像是一张网，会束缚住我们行动的手脚，使我们变得畏首畏尾。但事实上，明天是崭新的一天，过去并不能代表什么，过去就是过去了。

我们的人生很漫长，一路上有很多事情、很多记忆，我们的生命所能承受之重也是有限的，我们应该懂得筛选，保留那些珍贵而美好的记忆，将那些糟粕及时处理掉，唯有如此，我们才能轻装上阵，一路高歌。

当然，心中的"杂草"有很多，不仅是悲伤难过，还有那些过多的欲望。对于我们来说，追逐的是人生的意义，是阶段的成功，而不是满足自己无止境的欲望。被欲望所操控的人注定会悲哀一生。

听过这样一个寓言，一个士卫每天都勤勤恳恳地为国王工作，国王很感动。在这位士卫即将老去的时候，国王决定送他一块土地，让他安度晚年。国王告诉士卫，他从早上开始可以一直向前走，到太阳下山前要赶回来，他走到哪里，就以哪里为界，从起点到终点的土地都给他。

士卫非常开心，早上就出发了，他一直向前走，一直走，因为他总想得到更多的土地，然而最终因为走得太远，来不及赶回来，他拼命地奔跑，最终累死在了并不属于自己的土地上……

人的欲望是没有止境的，如果我们不懂得阻止无限滋生的欲望，那么它最终会毁了我们。我们要学着控制自己的内心，对待一切淡然一些，无论是成功还是失败，都不过是过眼的云烟。及时清扫自己的心灵，保持心灵的纯净，以最纯粹的心追逐我们的未来，体验我们的人生。

而在途中
幸福不在终点，

在前进的路途当中，我们的眼中唯有终点，为了到达这个终点，我们不惜一切代价。难道我们的人生就只是一个赶路的过程吗？对于我们来说，漫长的旅程是非常枯燥而乏味的，就像我们坐火车去一个目的地一样，好几个小时，甚至好几天之后，我们才会到达心心念念的地点，但是我们的好心情也早就在乏味的旅途中消磨光了。

我们的人生又何尝不是如此呢？且人生的旅途更加漫长，匆匆赶路并不能保证提前到达终点站，还有可能体力透支，这样就得不偿失了。而且我们的人生长度是固定的，并不会因为我们脚步匆匆就缩短原有的旅程，既然如此，我们为什么不放慢脚步，看看周围的风景呢？

从前有一个年轻人，他正值血气方刚的年龄，有远大的志向。在他家的远方，有一座高山，高山的山顶云雾缭绕，从山下根本看不到山上是什么样的景象。不过人们都推测那是人间仙境，肯定有着似梦似幻的美丽景色。年轻人动心了，他想要到那座山上去看一看最美的景色。

他的朋友知道了青年的打算非常支持，并决定和他一同前去。他的朋友觉得这一定是一次非常有意思的旅行，但事实上却并非如此。因为青年只顾低头赶路，什么都不管不顾，在路上有人搭讪，想要和他们一起去，可是青年仍旧脚步匆匆……青年的朋友感觉赶路赶得非常辛苦，所以建议休息一下，但是青年仍旧闷头赶路，不为所动。

最终青年的朋友实在忍受不住了，只好放弃了旅行。青年一个人继续赶路。他日里赶，夜里赶，不管刮风下雨，只为了要尽快看到山顶的美景。当他一路艰辛到达顶峰之后，才发现，这座高山的顶峰上一片荒芜，什么都没有……

这个时候他想起了沿途的鸟语花香，想起了路途上和他聊天的朋友，然而此时却没人能够安慰落寞的他。

现实当中和这个青年相像的人并不在少数，因为急功近利，放弃了重要的经历和体验。试想一下，就算这个青年看到了山巅的美景，但却没有人与他分享，难道不寂寞吗？我们的悲伤需要亲人、爱人和朋友的安慰，同样地，我们的快乐也需要有人分享。然而在我们匆匆的脚步中，遗落的除了有沿途的景色，还有那些陪伴在我们身边的人。

其实我们可以放慢脚步，不要那么着急，也不要死盯着一处风景。既然人生是漫长的旅途，那么我们就一路高歌前进吧。我们的人生就像是一场马拉松比赛，只盯准最终目标，无非是给自己增添巨大的压力，如果多看看周围呢？转移了注意力我们会轻松到达终点。

人生亦是如此，多看看沿途风景，会有不一样的感受，也会有更大的收获。人生是一个漫长的旅程，对于我们而言，意义不仅仅是终点，更重要的，是阅历的累积。所以不要急，静下心来，放慢脚步，才能看清楚沿途的风景，才能真正体味到成功的喜悦。

身体，还有灵魂走在路上的不仅是

在迷茫的年纪，我们喜欢看那些唯美的文字，对写出这些文章的人也有着一种特殊的崇拜。在这些文章当中，我们能够找到内心的宁静，同样，写出这些文字的人也有着一种淡然的气质。三毛的文章很多人都读过，她曾说过："生活，是一种缓缓如夏日流水般地前进，我们不要焦急。我们三十岁的时候，不应该去急五十岁的事情。我们生的时候，不必去期望死的来临。这一切，总会来的。"

人生是前进的旅程，同时，也是等待的过程。当我们脚步匆匆的时候，是否思考过，我们的灵魂是和我们并肩而行的吗？岁月如飞刀，刀刀催人老。因为觉得人生短暂，所以我们总是行色匆匆。每天都活在奔波之中，但是到头来，我们所剩的就只有迷茫和空虚。

其实，每个人的生命里都有一个自由的自己，它懂得我们心中的梦想与夙愿，为人生指引着方向，只是我们在匆忙赶路中，把它远远落在了后面，所以才会迷失方向。它——就是我们的灵魂。

为了寻找古印加帝国的文明遗迹，一位考古学家不远千里来到了南美的丛林。为了防止遇到一些不必要的麻烦，影响进度，他雇用了一些土著人作为挑夫和向导。就这样，一行十几个人浩浩荡荡地出发了。

他们穿过一座座丛林，连续赶了三天的路。考古学家十分惊讶那些土著人的力气，他们背着沉重的行李与器材，却可以健步如飞。尽管考古学家跟不上他们的步伐，可看到他们做事效率如此高，他的心里自然也很开心，毕竟对他而言早点到达目的地才是最大的心愿。一路上，他很累，但也尽量做到不停歇。

到了第四天早上，考古学家发现了一个奇怪的现象：这些土著人说什么都不赶路了，他们放下了行李和器材，好像在等待着什么。考古学家心里很焦急，但不管他怎么劝说，土著人就是不赶路。经过仔细地沟通，考古学家得知，原来这里一直以来都流传着一种习俗——在赶路的时候，要竭尽全力地拼命往前走，但每走上三天，就要停下来歇息一天。

这个习俗引起了考古学家的兴趣，他决定进一步考察一下。于是，他带着满心的疑惑与兴趣，问了向导。向导非常庄重地告诉他："我们之所以停下来，是为了等待我们的灵魂，让灵魂可以赶上我们疲惫的身体。"

生命之所以能绽放出光彩，在于灵魂与身体和谐的统一。当我们感到最舒适、最惬意的时候，往往是灵魂离身体最近的时候。那时的我们，有心情去回望曾经的故事，有时间去细数过去生活中点点滴滴的感动，有心思静下心来品味平淡的日子。

当我们进入纷乱的社会当中时，每天看到的都是喧嚣的城市、川流不息的人群，在他们之中，我们想到的只有优越的物质生活，各种各样的名牌。为了这些身外物我们逼迫自己前行，但心中却越来越不安。当我们停下之后就会发现，原来我们的灵魂被我们遗落了，空洞的灵魂让我们变得浮躁不堪。没有清风过耳，没有溪流潺潺，没有鸟语花香，那些似乎只会在梦中出现。我们时而会觉得周围的事物很陌生，身处人群会感到孤单无助，拖着一个没有灵魂的躯体挣扎、游荡。

趁我们还年轻，缓一缓脚步，等一等我们迷失的灵魂，不要当我们孤单的时候才想起朋友，失去的时候才懂得付出。将心中的焦躁沉淀下来，给自己一些时间和空间，不要像一个两头燃烧的蜡烛，过分消耗自己的精力。当我们觉得烦躁的时候，不妨看看书，发发呆，摆弄摆弄花草，为自己的未来规划一张蓝图。不要急着赶路，淡然前行，看尽人生路上的风景，才是幸福该有的节奏，才是青春该有的经历。

不寂寞
淡定的人生

有人看到"孤独""寂寞"这样的词就想避而远之，但是，孤独的人生就一定是悲情的吗？事实上，孤独和寂寞并不能够画上等号，孤独是一种境遇，而寂寞则是一种态度。通常情况下孤独是我们不愿面对的，但是，如果我们反其道而行之，学会享受孤独的话，那么寂寞就会荡然无存，我们会发现一个不一样的丰盈世界。

人生是追梦的旅程，同时也是一段孤独的旅程，没有人能从一开始就陪在我们身边，直到生命的尽头。哪怕是至亲之人，有一天也将会离你而去。世界上每个人都是孤独的，只是每个人的孤独都与众不同。那些拥有丰富人生阅历的人，必然是懂得如何去享受自己的孤独的人。

有句话说得好："孤方能独，独才能与众不同。"这句话告诉我们，孤独恰恰是我们获得美妙人生的桥梁，是送我们一程的千里马。耐得寂寞，才能拥得繁华。孤独是上天在赐予我们繁华盛世之前的磨炼，是我们取"经"路上必须经过的火焰山。只是，这次取"经"，取的是人生的真经，只能靠自己的双手，没有唐僧师徒的护驾，更没有观音菩萨的相助，凭的是自己的一颗顿悟之心。

对于孤独，如果没有一颗甘于承认、愿意享受之心，就很有可能经不起孤独的"炼狱"，在繁华已近在眼前时先被孤独所击垮，与美好的明天失之交臂。

小A和小B是非常好的朋友，是在选秀节目中相识的。她们同样热爱唱歌，有着相同的梦想，都希望能够在大舞台上一展歌喉。虽然她们两个都有幸出线，但是因为没有名气，又不会跳舞，所以还需要长时间的包装。虽然进入了娱乐圈，离自己的梦想更近了一步，但是她们仍旧在圈子的最底层晃荡。

没有人关注的日子是孤独的，她们不知道出头之日是什么时候，每天只是辛苦地练舞、练唱。没有什么钱，她们平时也不会去放松，只为了出道做准备。为了发展，公司将两个人分开了，分别进入了不同的团体当中继续训练。

对于想要出道的新人来说，团体当中最优秀的人也是最大的威胁，表面和气，实际上明争暗斗。小A忍受着孤独，她不多说话，也不抱怨，只是努力地做好自己分内的事情。闲暇的时候就学英语，看书。而小B则有些受不住了，她讨厌那些排挤她的女生，她心中很苦闷，但是无人倾诉，她的身边只有同一组的成员，她不愿意和那些人亲近，只能自己陷在寂寞的泥沼当中。

最终，小A脱颖而出，因为她个人能力强，所以公司决定让她出个人专辑，优先出道了。而小B因为不合群，性格也不够开朗，不适合在青春偶像组合中，所以被公司放弃了。

实际上孤独并没有我们想象中那样可怕，最可怕的是我们惧怕孤独。英雄都是孤独的，没有尝过孤独的味道，又怎么能见到最纯粹的自己？我们每个人都有一张面具，有时对自己都无法坦诚。当只剩我们自己的时候，这张面具就会自动消失，我们才能见到最真实的自己。

我们的人生对他人的关注实在太多了，好不容易有机会认识自己，和自己对话，我们为什么不去把握，而要抱怨呢？没有寂寞的人生，只有寂寞的人。不要将孤独看作是一种煎熬，学会和自己交朋友，学会享受孤独，就能认识到最优秀的自我，知道自己最真的想法，过自己想要的生活。

大幸福
小感动，

我们的生活不是电影，也不是小说，没有那么多惊心动魄，自然也没有说不完的爱恨情仇。我们的生活都是一些柴米油盐的琐事。但正是这些事情，才组成了我们最真实的生活，而其中包含着最大的感动。

朱自清先生的散文《背影》，就是由一件小事入手，将父亲和儿子之间的感情描写得淋漓尽致，让人读后非常感动。

当时的朱自清还是一个年轻人，他在北京读书。在那一年他的祖母去世，而他的父亲又失业了。朱自清在回家奔丧之后，因为自己的父亲要到南京去找工作，所以两个人便一道去了南京。当时朱自清还要继续北上去读书，《背影》讲述的正是他父亲送他上火车的情形。上车之前，他的父亲给他买了一点橘子，于是就有了这样一段描写。

走到那边月台，须穿过铁道，须跳下去又爬上去。父亲是一个胖子，走过去自然要费事些。我本来要去的，他不肯，只好让他去。我看见他戴着黑布小帽，穿着黑布大马褂，深青布棉袍，蹒跚地走到铁道边，慢慢探身下去，尚不大难。可是他穿过铁道，要爬上那边月台，就不容易了。他用两手攀着上面，两脚再向上缩；他肥胖的身子向左微倾，显出努力的样子……我再向外看时，他已抱了朱红的橘子往回走了。过铁道时，他先将橘子散放在地上，自己慢慢爬下，再抱起橘子走。到这边时，我赶紧去搀他。他和我走到车上，将橘子一股脑儿放在我的皮大衣上。于是扑扑衣上的泥土，心里很轻松似的，过一会说："我走了。到那边来信！"

文章中的描写非常朴实，感觉像是一幅画一样呈现在了人们的面前，但是却能够带给我们十足的酸楚。这就是因为我们也被感动了，我们会被那种伟大的父爱所感动。这其实就是生活中的小事，也是能够让我们感动的。我们的生活中有着太多这样的感动，只不过我们没有发现罢了。

曾经有一个一直没有独立出过门的年轻人，现在要独自去生活了，他的母亲对他有点不放心，帮着他打点行装。他的母亲为他装了一个非常大的背包，他发现其中除了一些必需的物品之外，大多数都是一些可带可不带的东西，于是他对母亲说，这些都是非必需品，出远门的话带着有点烦琐。于是，他将这些东西一件一件都拿了出来，为了不让自己的母亲伤心，每一次他拿出东西的时候都会解释好几句。母亲则站在他的身旁一句话都没有说。

后来，年轻人从背包中翻出来一瓶水，是一瓶很大的瓶装水。他想到处都能够买到矿泉水，带着这个有什么用呢？于是他就将这水瓶拿了出来。这一次母亲却毫不犹豫地坚持要将这瓶水放到背包中，嘴里还在不停念叨着说："这个是一定要带的。"

看到儿子的脸上写满着不情愿，于是母亲说："还是带着吧，虽然路上重一点，但是我害怕你出远门水土不服，所以给你带上一些家乡的水。"母亲接着说，"你小的时候，有一次我带你出门，结果你病了。听很多人说你这是水土不服，只要能够喝到家乡的水就没有问题了。从此之后我每一次带你出去，都会给你带上一瓶水。这一次你一个人出去，妈妈不放心，所以还是给你带了这么一大瓶。"儿子听到这里的时候，已经是热泪盈眶了。

其实，我们每个人都有着这样类似的经历，内心无比感动。我们平常的生活和工作基本都是重复的，人们在既定的程序上工作和生活，慢慢地就会变得麻木，最后让自己变得无精打采。此时，我们需要一种感动来刺激我们的神经，我们需要一种感动来激发我们的心境，哪怕这种感动只是很小的一点儿，但是同样能够让我们的生活不一样起来。

我们需要珍惜生活中的真爱，因为这就是我们生活中最为真实的部分。生活虽然很琐碎，但是每一份琐碎后面都有一种生命真谛。生活本就是柴米油盐酱醋茶的小事，但是就在这些琐碎的小事中蕴含着太多的幸福和感动。我们需要认真去寻找身边的那些事和人，这样我们就会感觉到非常幸福。

Part 12

你要的，时间都会给你

成长是很漫长的过程，人生是无法预估的旅途，在这条路上，无论遇到了什么事，都不要当成是绝壁，即便看上去是悬崖，也一定有一条通往对岸的路。在行进的过程当中，我们会慢慢成熟。只要坚持下去，你的努力必定会在某个时候，以某种方式闪闪发光。

转机就在下一次尝试中

青春，是一段迷茫的时光，我们或许会不知所措，不知道应该做些什么。青春，同样也是一段浮躁的时光，因为急功近利，想要立刻到达成功的彼岸；因为血气方刚，相信自己能无往不胜，同样地，也容易轻易选择放弃。

其实，什么都需要尝试，青春就是一种尝试，不一一试过，怎么知道喜不喜欢，怎么找到自己未来的方向？又怎么走出迷茫？

李涛是一个心高气傲的小伙子，他从小就备受关注，他学习成绩优异，又有很多特长，不仅家长宠着他、顺着他，就连老师都高看他一眼。从学生时代开始，李涛就没有遇到过什么挫折，他做任何事情好像都能获得成功。但是，任何事情都是父母安排他去做的，他自己没有什么主见。他从来都没想过自己的爱好是什么，他只知道父母告诉他应该做什么，那么就要做什么，这样准保没有错。

李涛叔叔家的弟弟李响和他正相反，李响虽然做事情有些没头没尾，但是爱好却非常广泛，有时还常常会因为自己的爱好和父母争论不休。他和李涛同岁，只不过是比李涛小了几个月。

转眼间，两兄弟都到了毕业找工作的时候。李响有点犯难了，自己的爱好太过广泛，不知道到底应该做什么才好。反正是茫然，不如先随便找一份工作，看看是不是自己喜欢的。抱着这种想法，李响开始了不断找工作、换工作的日子。不过让人想不到的是，在跳来跳去之间，他还真碰到了自己想要做一辈子的工作——设计师，李响这回算是稳定下来了。

可从小就什么都如意的李涛这次却遇到挫折了。从小时候开始，他的父母就会给他一些意见，他只要去实施就可以了。在他毕业找工作的节骨眼儿上，李涛的父母决定将选择权交给他。特长很多的李涛反而不知道应该做什么，他的父母给了他一些建议，但是他都觉得不感兴趣，他不想像李响那样换来换去，他觉得自己特长这么多，肯定能找到一份自己很喜欢的工作。在他的眼里，连设计都没学过的李响，到设计公司去做个打杂的人，肯定不会有啥出息。

毕业两年后，李响通过自己的努力，已经成为了一名设计师，在公司小有名气，而且即将升职。而李涛呢？他仍旧在找着他喜欢的工作……

人生有时就是一种偶然，或许你遇见了从不曾想过的人，或者一辈子做着自己不曾想的职业。这既是命运的安排，也是人的抉择。当我们茫然不知所措的时候，与其停在原地苦恼，还不如选择去尝试，对于年轻气盛的我们来说，未知的世界还很广阔，既然我们还有可以挥霍的大好时光，为什么不去探索一番？

不要将自己的未来局限在一个角落里，多尝试，才能找到理想的事业，才能遇到理想的人。没有什么事情可以阻碍青春的脚步，可以断送你未来的旅途，只有试过，才有机会让自己的青春光芒绽放。

人生要学会转弯

在大西洋中有一种鱼，长得极为漂亮，银肤、燕尾、大眼睛，它们平时生活在深海中，所以不易被人捉到。但是在春天产卵之际，它们会成群顺着海潮漂流到浅海。这时候，它们极易被渔民捕到。捕捉它们的方法很简单：用一个孔目粗疏的竹帘，下端系上铁块，放入水中，由两个小艇拖着。

这种鱼一旦进入竹帘中，那几乎就是死路一条了。因为这种鱼"个性"要强，不爱转弯，闯入竹帘时也不停止向前游，一只只"前赴后继"地陷入竹帘中，帘孔随之紧缩。竹帘缩得愈紧，它们就愈拼命地往前冲，结果被牢牢地卡死，最终成群结队地被渔民所捕获。

你是不是会为这种"固执"的鱼惋惜，感慨它们的愚笨和无知。但细想一下，我们又何尝不是如此呢？死守着一份不适合自己的工作，坚持着无望的爱情，坚持做自己力不能及的事等，结果身陷泥潭，不能自拔。轻易地放弃了该坚持的，固执地坚持了该放弃的，这是人生最大的悲哀。

何必要固执地一条路走到黑，走一条无路可走的死胡同？不如赶紧放弃，及时回头。要知道，及早走出这条死胡同，才能有新的发现、新的开始，我们才有可能绝处逢生。

刘珊是一家外贸公司的秘书，她为人随和，善解人意，对工作也是尽心尽力，但她却非常不喜欢坐办公室，在办公室超过一个小时她就如坐针毡。这一点，让她深感做秘书工作的吃力和不快。

这样过了一段时间后，身心俱疲的刘珊打算向老总提出辞职请求。但是想到这家公司在业界非常有威望，而且自己当初是经过层层面试才进来的，要是这么走掉就可惜了。想来想去，她决定先调换一个新部门试试。

做什么好呢？刘珊开始有意识地留意自己的能力，为内部跳槽做准备，她发现自己思维缜密、善于分析，而且乐于与人交往，便大胆地请求老总将自己调到了销售部。果然，在谈判桌上，刘珊如鱼得水，应付自如，工作做得非常出色，赢得不少顾客的称赞，她的职位和薪水均得到了提高。

在这个世界上，人与人之间的差异是非常明显的，工作不是随便找个就行，因为适合别人的并不一定适合你。如果不考虑工作是否适合自己就埋头苦干，明明工作开展很难，还是不肯放手，只会让自己身心俱疲，且得到的始终少于付出。既然如此，又何必苦守呢？不如放手。

的确，生活处处都有风景，不必固执地守着一处。放弃那些力不从心的工作，放弃那些无法胜任的职位……这时候，你也就放弃了那些纠结你的想法和事情，你将不必再独自饮泣，不必再心力交瘁，你会发现生活变得简单起来，你走向了生命的开阔处，尽享轻松、和谐、欢快等。

你知道水是如何行走的吗？河流行经之地总有各种的阻隔，高山、峻岭、沟壑、峭壁，但是水到了它们跟前，并不是一味地一头冲过去，而是很快调整方向，避开一道道障碍，重新开创一条路。正因为如此转向，它最终抵达了遥远的大海，也缔造了蜿蜒曲折、百转迂回的自然美。

学学水的智慧吧，无路可走时，换条新路。

售价一美元的别墅

成功是一件非常难的事情，但并不是一件不可完成的事情，有很多人取得了成功，站在了成功的顶峰上。这些人之所以能够取得成功，主要是因为他们懂得把握机会，也善于把握机会。

大作家狄斯累利说："人生成功的秘诀是当好机会来临时，立刻抓住它。"一个人是否能够把握机会是能否成功的前提，不论是一件小事，还是整个人生，都是这个道理。

我们来看这样一个故事。

曾经有一位美国的老人在看报纸的时候，发现在《纽约时报》上刊登着这样一则消息：某某海滨城市正在出售一栋豪华的别墅，这栋别墅靠近海边，有花园草地，还有一个小型的游泳池，而售价只是一美元。

一美元？这位老人感觉很奇怪，同时也感觉很荒唐。他在想到底这些广告商们耍了什么花招，于是老人对这件事情嗤之以鼻。他也想：现在的商人为了赚钱，真的能想出很多花招。

但是在接下来的日子里，这位老人一直都能够看到这则消息。在一个月之后，这位老人有点沉不住气了，于是他就想，说不定天底下真的有这样的好事，而且这个海滨城市离自己的住地也不远，找个时间去看看。

　　于是第二天，这位老人做了一点准备之后就出发去这个海滨城市了。老人按照广告上的指示，很快就找到了这栋别墅，这栋别墅的确是一栋非常气派的别墅。老人此时又有些动摇了，难道这么高档的别墅真的就卖一美元吗？但是想想自己已经来了，所以也就准备进去看看。

　　老人按了按门铃，过了一会儿一个老太太出来了，然后请他进去。老人就直接开门见山地问这栋别墅是怎么卖的。老太太则笑笑说："当然是一美元啊。"老人非常高兴，于是就准备掏钱，但是被老太太拦住了。老人刚想指责这个老太太不守信用，却看到老太太指着一个正在写东西的人说："先生，他比你早来了一个小时，他已经在签订合同了。"

　　老人仔细看了看对方，原来是一个衣衫褴褛的流浪汉，老人非常不解地问："难道他真的花了一美元买下了这栋别墅？"老太太点了点头。老人还是不相信，于是就问道："难道没有什么其他的附加条件吗？"老太太摇了摇头。此时老人心里非常遗憾，但还是不敢相信天底下真的有这样的好事情。

　　后来，老人才知道这位老太太的丈夫在离开人世的时候立下了一个遗嘱，要将变卖这栋别墅的钱全部送给他的情妇，所以老太太在盛怒之下决定以一美元的价格将这栋别墅卖出去。但是这则消息在刊登了之后一直没有人相信，很多人都认为不是真的，只有这个流浪汉相信了，并且获得了这栋别墅。

　　这个故事说明了，很多时候人们就是因为自己的疑心而浪费了很好的机会。这虽然是一个非常极端的例子，但却是对珍惜机会的最好解释。培根说，犹豫、怀疑的结果就是错过了机会。虽然我们无法创造出机会，但是我们只要懂得把握机会，同样可以取得成功。机会总是会和我们擦肩而过，我们需要懂得珍惜机会，不要让自己一事无成。

　　机会就像是一个飞翔的天使，她从一个窗口飞进来的时候，很容易从其他的窗口再飞出去，如果我们不懂得珍惜和把握，那么我们就会后悔。在生活中，我们经常能够听到这样的声音："要是那样就好了"，"如果我能够怎样……该多好"，"假设我没有……就成功了"，等等。机会是不讲条件的，我们唯一要做的就是珍惜机会。

要想成功就要懂得把握机会。比尔·盖茨之所以能够成为世界首富，就是因为他懂得把握机会，他把握住了一个新兴产业的市场；马云本来只是一个英语教师，但是现在他却是电子商务王国的巨无霸，就是因为他懂得把握机会。其实我们身边这样的例子不胜枚举，很多时候我们总是能够看到成功的可能，但就是因为没有积极把握，而让成功和我们擦肩而过。

每个人的每一次成功都是依靠着机会和自己的努力。机会可以说是成功的秘诀，机会可以实现我们的理想。如果不懂得珍惜机会，那么很容易导致失败。

命运所青睐的人都是懂得把握机会的人，这些人都对机会有着超强的观察能力，他们看到机会之后，哪怕这个机会很小，他们也会努力去把握。

该来的总会来，时间没那么快

青春年少的我们就像是没有成熟的果子，在向着成熟迈进。一枚果实生长的周期有一年，甚至更久，我们的人生要比果实长多了，自然我们生长的周期也会很长。在成熟的路上，我们会不断学习、不断积累，因此，在这条路上我们会有很多经历，也会有很多感慨。

我们从出生开始，就是一个不断学习的过程，因为我们不懂的有很多，所以会感到迷茫。在年少的时候，我们学习的是知识。当我们步入青年之后，面临着新的挑战，对于未来，我们仍旧感到茫然和不知所措，因为我们仍旧有很多的不懂——这个阶段，我们学习的是人生。

学习是很漫长的过程，因为我们需要体会，需要理解，在这条路上，无论遇到了什么事，都不要当成是绝壁，即便看上去是悬崖，也一定有一条通往对岸的路。在行进的过程当中，我们会慢慢成熟。

从前，有一个想要出外寻梦的年轻人，他朝气蓬勃，但是由于对前途的未知，他本能地有一丝恐惧，也有一丝迷茫。为了实现自己的梦想，他找到了一名老者，询问自己应该怎么做。老者只送了他三个字——"不要怕"。听到这三个字，年轻人顿时充满了信心，他想：对呀，我还年轻，有什么可恐惧的呢？我有大好的时光，可以供我实现梦想。

带着无畏的勇气年轻人上路了。他的创业之路并不顺利，因为他太过年轻，很多人都不愿意相信他，但是每当他受到打击的时候，都会想起老者送他的三个字，他又充满了信心。渐渐地，他有了自己的客户，有了自己的朋友，他也成立了属于自己的公司。

但是和他一起开创事业的朋友却背叛了他，携款私逃了。眼看自己的人生刚有起色，就成为了一个穷光蛋，年轻人有些茫然，不过想到老者的话，他又充满了勇气，他想：我还年轻，没什么输不起，大不了从头再来。

就这样，他又重新振奋，贷款继续开公司，慢慢还清了朋友留下的所有亏空。也因为他的诚信，他的客户渐渐稳定，因为人们都信任这个踏实肯干的年轻人。

当事业风生水起的时候，他遇到了人生当中的另一半，他们相爱、结婚，之后还有了一个可爱的女儿。家庭稳定之后，刚过而立之年的他又将自己的精力投入到了工作当中。因为公司规模越做越大，他也越来越忙，回家的时间越来越晚。他的妻子多次向他抗议，最终两个人吵起了架。

女人一气之下离开了，他没有挽留。夜深人静的时候他才开始思考：自己这样拼命为的不就是有一个幸福的家庭吗？之后他想到了妻子的温柔，女儿的乖巧。第二天他找到了自己的妻子，并向妻子保证将更多的精力放在家庭当中。

岁月流逝，人过中年的他不再青春年少，但是他对未来再次感到了迷茫，所以回到家乡找到了迟暮之年的老者，诉说自己的过去和疑惑，求老者给他的未来指明道路。老者听后仍旧送他三个字——不要悔。他默念着这三个字，久久地沉默。

人的一生确实如老者概括的这样简单，其实真相都不复杂，只是我们需要用时间去领悟，去体会。现在的我们正处于人生的上升阶段，正是"不要怕"的时候，我们只要抱着这个信念向着梦想冲刺，就没有什么可迷茫的。

花落花又开，春去春又回，纵然青春的天空上满是雾霭，我们只要坚定方向向前走，最终会守得云开见月明，冲出青春的迷雾，到达下一个人生阶段。韶华易逝，不要将光阴荒废在迷茫当中，要过去的终究会过去，青春的列车一直在前行，不要四处张望，它终会带我们到达人生的下一站。

有勇更有谋，才能笑傲群雄

喜欢下围棋的人都知道，在围棋中，"斗力"属于比较低等的第七品，而"用智"则是在中间的第五品。其实能够巧妙通过智慧来达到自己的目的，远远要比蛮力重要很多。如果只是依靠蛮力来完成自己的目的，那么是无法取得彻底的成功的。自然，围棋不是一种需要争强好胜的竞技，关键在于智慧。

明朝人许谷在《石室仙机》中讲道：五品用智，属于一种中等的水平，是"受饶三子，未能通幽，战则用智，以到其功"；而七品斗力，属于一种下等的水平，是"受饶五子，动则必战，与敌相抗，不用其智而专斗力"，这算下等水平。由此可见，智慧要比蛮力重要。

明朝人刘基曾经举过这样一个生动的例子，老虎的力量肯定是超过了人很多倍，而且老虎还有尖锐的爪子，如此一来，老虎能够吃人就不是什么奇怪的事情了。虽然很多人都是谈虎色变，但是老虎吃人的事情并不是很多，倒是老虎会经常成为人们的猎物，被人类制作成各种各样的物品。那么为什么会这样呢？刘基解释说，老虎用的是力量，而人依靠的是智慧；老虎借助的是自己的爪子，而人借助的是物品。所以力量最终战胜不了智慧，虽然老虎非常勇猛，但是在人面前它们还是无法占得上风。

在我们的生活中，那些智勇双全的人在做事情上总是能够占得先手，摸透人心，同时也能够征服对手。大智大勇并不是随便就能够拥有的，当面对危险的时候，很多人都会胆怯，也有一些人会选择逃跑，但是大智大勇的人则能够运用自己的非常手段战胜这种危险。

秦朝末年，秦军将领章邯在定陶大败楚军后，就有些自命不凡，于是率领着军队攻下了赵国的巨鹿。此时楚怀王任命宋义担任上将军、项羽担任次将、范增为末将，率领着军队去攻打章邯。当时宋义忌惮章邯的名气，并不敢和他正面交锋，此时项羽给宋义提供了很多战斗的建议，但是宋义都没有采纳，反而借助自己的地位斥责项羽出言不逊。项羽非常生气，居然杀死了宋义，然后坐上了上将军的位置。项羽当上上将军之后，就召来了范增、刘邦等人一起商量击破秦军的问题，广泛征求大家的意见。

当时的楚国刚刚战败，他们的元气还没有恢复，所以他们希望借助这一次的战斗从而扭转局势。于是项羽派出刘邦、陈余率兵两万去解巨鹿之围。没有想到的是陈余从前线回来之后，就报告说："前方战事吃紧。敌强我弱。刘将军初战失败，让我突围回来，请将军速发救兵！"

此时，项羽也意识到了问题的严重性，于是他召来范增商量对策。经过一番仔细研究之后，项羽决定率领大军和章邯决一死战。

项羽率领着所有的将士，浩浩荡荡开赴赵国。他们在行军的途中被一条大河挡住了前路，项羽看到此时天色已晚，考虑到战斗马上要打响了，所以想要让士兵们休养生息，于是只好在河边露营。

等到第二天，项羽看到战士们携带的帐篷和锅灶等都是累赘，为了能够激发士兵们的斗志，于是他下令将全部的帐篷、锅灶等都丢掉，并且还命令士兵们只能带三天的粮食，其余的全部都要丢掉。士兵们虽然不知道将军的意图，但还是按照他的命令去做了。

轻装上阵的楚军很快就渡过了大河。过河之后项羽又命令士兵们将船全部都沉到河底，此时将士们才明白过来，项羽这么做是为了决一死战，是一种有进无退的做法。

在巨鹿城下，楚军和秦军展开了激烈的战斗。两军激战的时候，忽然有人发现粮仓着火了。章邯看到秦军仓库里一阵火焰，大吃一惊，知道自己的老巢被人袭击了。最后项羽以少胜多，打败了章邯。

在这次战斗中，项羽既展示了一定的谋略，同时又有"破釜沉舟"的勇气，最终战胜了比自己强大的敌人。

智慧就像是勇气的翅膀，如果只有勇气而没有智慧，那么就是匹夫之勇，不能够成就大事。只有将智慧和勇气结合起来，才能够笑傲群雄。中国历史上有太多的大智大勇的人，他们都能够忍受一时的不利，因为他们知道凭借着自己的大智大勇能够最终战胜对手。西汉的李广就是一个非常典型的例子。

西汉初年，匈奴不断骚扰西汉，在抗击匈奴的战斗中，涌现出了一位著名的将领，那就是李广。李广的祖籍在陇西，他年轻的时候就善于骑射，而且喜欢练武。在一次次抗击匈奴的战斗中，他展现出了自己的大智大勇，所以也得到了人们的尊敬，而匈奴一时间也不敢向李广的军队进攻。

后来，匈奴和西汉的关系越来越僵，当时匈奴单于集结了很多兵力，准备大肆进攻西汉。但是西汉有能征善战的李广把守边关，所以匈奴心存疑虑，一时间还不敢从正面交战。此时他们想要设法生擒李广。

在一次交战中，匈奴的军队假装失败，李广则率领着自己的军队紧追不舍，对此丝毫没有做任何防备。等到李广他们追了几十里的时候，他们发现前面的匈奴兵速度慢了下来，李广想要追上他们一举歼灭，却陷入了匈奴设置好的陷阱中，被活捉了。对于李广，匈奴人非常害怕，抓到之后立即将他困于网中，然后押往他们的大营。

此时被俘的李广装作一动不动，以此来麻痹敌人。趁押解他的匈奴兵休息的时候，从网中跃起来，然后冲向离自己最近的匈奴骑兵，将他击倒之后，抢了他的弓箭，快速逃跑了。其他的匈奴兵都被眼前的事情吓蒙了，他们回过神来之后赶紧追李广，而李广箭法高超，他连连开弓，最终在射死了几个匈奴兵之后逃走了。

在这次逃跑的过程中，李广就展示了自己的大智大勇。他在被俘之后没有逞一时的匹夫之勇，而是等待着对方的松懈，一旦对方松懈下来，他就一举逃脱了。生活中总是有一些人认为自己很有勇气，但是最后却将事情办砸了，所以我们要懂得不滥施自己的小勇气，而要发挥出自己的大智大勇。

汉景帝即位之后，吴王刘濞勾结了六个诸侯王想要造反，他们率领着20万大军，大举攻向京城。此时汉景帝任命中尉周亚夫为前线统帅，让他去抵挡吴王刘濞。周亚夫知道这件事情的危急，于是带上自己的几位亲兵，驾着马车就赶往洛阳。等他们到灞上的时候，周亚夫得到密报，说刘濞收买了一些亡命之徒，在京城至洛阳的崤渑之间设下埋伏，意图袭击朝廷的大军。于是周亚夫果断绕开了崤渑险地，绕道平安到达洛阳，进兵睢阳，占据了睢阳以北的昌邑城，深挖沟，高筑墙，断绝了刘濞北进的道路。之后他又攻占了淮泗口，断绝了刘濞的粮道。刘濞的军队在北进受阻之后，掉头倾全力攻打睢阳城，但睢阳城十分坚固，而且城内有足够的粮食和武器。这里的守将刘武在周亚夫的帮助下，和刘濞在睢阳城下展开了激烈的战斗。

当时，周亚夫为了消耗掉刘濞的锐气，坚持不出战，刘濞有点手足无措了。之后，刘濞的军队因为粮食不足而变得人心慌乱，于是他调集了一些精锐部队，向周亚夫发起了大规模的进攻，当时的战斗非常激烈。

刘濞也不是鲁莽之人，他在这种情况下也采取了一定的策略。他声东击西，表面上是要以大批部队进攻汉军壁垒的东南角，但其实却将最精锐的部队留下来准备进攻壁垒的西北角。没有想到周亚夫更具有谋略，他看透了刘濞的计谋，就在坚守东南角的汉军连连告急请派援兵时，周亚夫不但没有增援东南角，反而是将大部分的兵力投入到了西北角。果然，不久刘濞大旗一挥，开始向壁垒西北角发起猛攻，而且这一次的攻势异常猛烈。

这场战斗一直从白天打到了夜晚，刘濞的军队遭受到了巨大的打击，损失惨重。他们的勇气和信心也受到很大的影响，此时他们的粮食已经快要吃光了，所以刘濞也只能下令撤退。周亚夫自然不会放过这么好的机会，于是他率领着大部队开始全面进攻。刘濞看到大势已去，于是率领着自己的几个亲兵和儿子逃往江南，不久之后他被东越国王杀死。此后，周亚夫乘胜进兵，将其他的六国也打得一塌糊涂，而此时轰动一时的"七国之乱"平息了下来。

　　周亚夫就是凭借着自己的大智大勇力挽狂澜，也为西汉立下了汗马功劳。由此可见，大智大勇是多么重要，我们在处理任何问题时不仅要有胆识，还应该有智慧。

成功就是做好一件事

人都有明天，但是每个人也都有今天。如果今天你都没有做好，那么期待明天又有什么用呢？或许明天到来之后情况会更糟糕。我们需要专注于眼前的事情，先将这些事情做好，然后再去图求更大的发展。

有人问爱迪生说："成功的第一要素是什么？"爱迪生回答说："能够将身体和心智方面的能量都运用在同样的一个问题上，并且能够坚持不懈地去做。我们每天都在做事情，如果从早上的 7 点开始的话，那么到晚上的 11 点睡觉，总共有整整 16 个小时，对于很多人来说，他们在这段时间里做了很多事情，但是我只做一件事情，如果他们能够将这些时间用在一件事情上，那么他们就能够取得一定的成功。"

做任何事情的时候都要做到一心一意，这其实就是爱迪生成功的秘诀。其实一个人选择得越多，那么他的精力也就越分散，自然就无法全身心地投入到一件事情中。成功不需要有很多的目标，一个就好，然后努力做下去，不管这件事情有多么地不容易，只要自己专心于此，只要自己肯去探索，那么就一定会完成的。

戈登·布朗出生在一个普通的苏格兰牧师家庭，他小的时候就有着远大的目标和志向。他在高中快毕业的时候，遭遇了变故。戈登·布朗在一次橄榄球的比赛中，被对手踢中了头部，左眼的视网膜脱落了，经过了几次手术之后，还是没有取得很好的效果。

这个打击对于年轻的戈登·布朗来说，简直是致命的。很长一段时间里，他总是郁郁寡欢，不管父母怎么开导他，都没有任何的效果。后来戈登·布朗的哥哥约翰休假回到家中，约翰想要帮助戈登·布朗走出低谷。于是他带着戈登·布朗来到了房间后面的山冈中，他和弟弟一起练习瞄准对面橄榄树的树枝。约翰先是举起枪，然后眯起左眼连开了三枪都没有打准目标，然后他将枪交给了布朗。布朗的前两发也同样射偏了，他也感觉有些难过。于是约翰鼓励他说："不要放弃啊，你手中还有一颗子弹呢。"结果，布朗聚精会神终于击中了目标，约翰非常兴奋地抱住布朗说："其实我刚才努力想要闭住左眼去瞄准，但是感觉很吃力，其实在这一点上你比我有优势多了，因为上帝帮你蒙住了一只眼睛，你可以专心去瞄准了。"

戈登·布朗听懂了哥哥话里的意思，于是第二天重新回到了学校，然后振作了起来。之后16岁的戈登·布朗获得了爱丁堡大学的奖学金，而且也成为了获得这个奖学金年龄最小的学生。

24岁的戈登·布朗发表了著名的《苏格兰红皮书》，他认真分析了苏格兰当时的情况。眼睛上的疾病激发了他奋斗的决心，也正是因此使得他在政坛上开始迅速发展。在他46岁的时候，他成为了英国历史上任期最长的财政大臣。他在很多次演讲的时候都非常自信地说："我的左眼被上帝蒙起来了，他就是希望我能够认真专注地去做事情，能够专注于我的目标，能够执着地一往直前。"

看到上面的故事之后，我们应该学习戈登·布朗这种奋斗的精神，在逆境中找到自己的目标，然后坚持下去，用自己执着的精神改变现在的状况。一个人的精力有限，如果将精力分散在很多事情上，那么就是一种不够明智的做法，同时也是不够切合实际的做法。其实很多时候我们所要做的不是去选择做什么，而是选择不该做什么。如果一个人坚持要成功，那么就需要选准一条路，然后坚持走下去。

不过要想执着做一件事情，还需要注意以下几个方面。

首先，要了解清楚自己的喜好，并且对自己的优劣有一定的了解。这些都能够帮助我们确定之后的目标，如果一个人无法明确自己的目标和方向，做的事情也不是自己擅长的事情，那么很容易导致最后的放弃。掌握好自己的长处，然后在这件事情上坚持下去。

其次，时间不允许我们同时做很多事情，既然这样我们就不要贪心了，要不然还是无法取得成功。在生活中有很多岔路口需要我们去选择，但是生活却告诉我们，我们需要专注于眼前的事情，然后将这件事情做到最好。

生活中有太多的诱惑，如果我们一直转换我们的目标，没有集中精力去完成眼前的事情，那么再伟大的事情都会落空的。所以我们要懂得专一，不够专一的人很难取得成功。

再次，任何事情不是说耗费了时间就可以做好的，在未来的路上，我们不知道会发生什么，会有怎样的变故，所以我们需要学会坚持和执着，我们只有不被困难打倒才能够看到成功的曙光。而执着就是成功路上不可或缺的妙方，我们要坚持，这样成功就会离我们越来越近。

最后，我们还需要自信。如果我们选择了去做一件事情，就要拿出十二分的自信去对待。而在此过程中，如果遇到了困难一定不要焦虑，而是应该始终保持一份自信的心态去面对问题。我们只有保持了这份心态，才能够更加专注地去面对成功路上遇到的所有问题。

热爱是最好的成功秘诀

在美国作家阿尔伯特·哈伯德的《自动自发》一书中，有这样一句话："成功与其说是取决于人的才能，不如说取决于人的热忱。"

一个人青春活力的展现在于对工作和生活的热忱上。我们只有将热情融入我们的生活中，才能够让生活变得多姿多彩，才能够更好地投入到改变生活的过程中。

我们需要不断地在生活中找到能够让我们为之一振的事情，并且对此不断进行探索和追求。在未来发展的路上，我们需要敢于不断挑战和不断挖掘，需要不断通过学习知识和经验，从而增长自己的能力。我们需要不断追求下去，即便遇到了艰难险阻，我们也应该保持一份热情洋溢的情绪去面对。

我们的工作需要有热情和战斗力，需要给自己找到一定的成就感，这就需要我们给自己制定一个目标，而这个目标就是对我们的一个心理暗示。这样我们就能够坚定地走下去，就能够在面对困难的时候不畏惧，并且敢于挑战生活。

生活大多数时候都是平淡的，我们需要充满热情地去面对，我们需要品尝它的所有滋味，感受它的五彩斑斓。

在一个清静的小镇子里，住着这样一对祖孙，爷爷是镇子里面最好的园丁，他对自己的工作非常热爱，并且将自己几十年的年华全部奉献给了镇子里的花花草草。有一天他带着自己的孙子小草一起去参观他的"成就"。祖孙两个人在花花草草中走来走去，于是爷爷问小孙子说："你在这里这么长时间了，你都有什么收获呢?"小孙子说："爷爷，这个园子非常大，你栽种的树木都非常高，花草都非常漂亮，我非常喜欢这里。"爷爷笑着说："其实以前它们和你一样都是很小的，我们需要通过浇灌让它们成长，只有对它们充满了热情，它们才能够回馈我们。"

我们也应该像这位老人家一样，对自己的生活、工作充满热情，只有有了热情才会有强大的战斗力，才能够专注地去做一些事情。我们的热情不能少，探索的精神也非常重要。一个拥有热情的人才能够把握住机会。

工作中的一些技巧和知识能够通过学习而获得，但是对工作的热情是无法学习来的。这种品质源自我们的心底，需要我们不断提醒自己。

热忱是一种态度，是一种做任何事情都需要的必要条件，我们只有对一件事情充满了热情，我们才能够重视它，从而努力去完成它。如果我们的工作中没有了这份热情，就没有办法坚定地走下去。

图书在版编目(CIP)数据

成长从来没有太晚的开始 / 米歌著.—北京：
中国华侨出版社,2015.7

ISBN 978-7-5113-5258-3

Ⅰ.①成… Ⅱ.①米… Ⅲ.①成功心理–通俗读物
Ⅳ.①B848.4–49

中国版本图书馆 CIP 数据核字(2015)第154254 号

成长从来没有太晚的开始

著　　者 / 米　歌

责任编辑 / 严晓慧

责任校对 / 志　刚

经　　销 / 新华书店

开　　本 / 710 毫米×1000 毫米　1/16　印张/17　字数/240 千字

印　　刷 / 北京军迪印刷有限责任公司

版　　次 / 2015 年 8 月第 1 版　2020 年 5 月第 2 次印刷

书　　号 / ISBN 978-7-5113-5258-3

定　　价 / 48.00 元

中国华侨出版社　北京市朝阳区静安里 26 号通成达大厦 3 层　邮编:100028
法律顾问:陈鹰律师事务所
编辑部:(010)64443056　　64443979
发行部:(010)64443051　　传真:(010)64439708
网址:www.oveaschin.com
E-mail:oveaschin@sina.com